国家自然科学基金项目（52204164）资助
青年人才托举工程项目（2021QNRC001）资助
中央高校基本科研业务费专项资金项目（2022XJSB03）资助

沿空动压巷道卸压控制理论与工程应用

高玉兵　王亚军　徐晓鼎　著

北　京

冶金工业出版社

2023

内 容 提 要

本书系统地介绍了沿空/邻空动压巷道围岩卸压控制的理论基础、关键技术、配套装备、工程实例等。全书共分4章：第1章综述了巷道卸压控制理论以及卸压控制技术的发展现状；第2章介绍了定向切顶卸压控制理论基础，叙述了现有顶板岩体预裂爆破理论及切顶卸压控制机理；第3章介绍了沿空巷道卸压控制关键技术和配套装备；第4章介绍了高应力沿空动压巷道围岩卸压控制典型工程案例，提出了不同类型和不同地质条件下的沿空动压巷道卸压控制措施及设计方法，并进行了现场工程应用。

本书可供矿山工程、岩土工程、隧道工程等相关领域的科研人员、工程技术人员和管理人员阅读，也可供高等院校有关专业师生参考。

图书在版编目 (CIP) 数据

沿空动压巷道卸压控制理论与工程应用/高玉兵，王亚军，徐晓鼎著 . —北京：冶金工业出版社，2023.5

ISBN 978-7-5024-9480-3

Ⅰ.①沿…　Ⅱ.①高…　②王…　③徐…　Ⅲ.①巷道—卸压—研究　Ⅳ.①TD322

中国国家版本馆 CIP 数据核字（2023）第 078286 号

沿空动压巷道卸压控制理论与工程应用

出版发行	冶金工业出版社		**电　话**	（010）64027926
地　址	北京市东城区嵩祝院北巷 39 号		**邮　编**	100009
网　址	www. mip1953. com		**电子信箱**	service@ mip1953. com

责任编辑　任咏玉　杨　敏　美术编辑　燕展疆　版式设计　郑小利
责任校对　范天娇　责任印制　窦　唯
北京捷迅佳彩印刷有限公司印刷
2023 年 5 月第 1 版，2023 年 5 月第 1 次印刷
710mm×1000mm　1/16；13.75 印张；270 千字；213 页
定价 89.00 元

投稿电话　（010）64027932　投稿信箱　tougao@cnmip. com. cn
营销中心电话　（010）64044283
冶金工业出版社天猫旗舰店　yjgycbs. tmall. com
（本书如有印装质量问题，本社营销中心负责退换）

前　言

煤炭是我国的主要能源，煤炭工业也是关系到我国经济命脉和能源安全的重要基础产业。巷道是煤矿安全生产的咽喉要道，是煤矿实现高产高效生产必不可少的关键因素之一。沿空动压巷道在经历上一工作面开采扰动后，会再次受到本工作面超前采动影响，重复采动叠加作用下，易引发巷道大变形、冲击地压等强矿压显现现象，是采掘过程中的重点防控区域。针对不同条件下的沿空动压巷道，如何采取有效的技术措施优化巷道所处的高应力环境，并革新现有围岩控制技术，是亟待解决的关键问题。

本书系统地介绍了沿空动压巷道围岩卸压控制的理论基础、关键技术、配套装备、工程实例等。全书共分4章：第1章综述了巷道卸压控制理论以及卸压控制技术的发展现状；第2章介绍了定向切顶卸压控制理论基础，叙述了现有顶板岩体预裂爆破理论及切顶卸压控制机理；第3章介绍了沿空巷道卸压控制关键技术和配套装备；第4章介绍了高应力沿空动压巷道围岩卸压控制典型工程案例，提出了不同类型和不同地质条件下的沿空动压巷道卸压控制措施及设计方法，并进行了现场工程应用。

本书得到了何满潮院士的指导和大力支持，在编写过程中，参考或引用了科研团队有关研究成果、工程案例以及其他文献资料，在此对团队所有成员、相关文献作者及指导老师致以诚挚的谢意。本书内容涉及的有关研究得到了国家自然科学基金项目（52204164）、青年人才托举工程项目（2021QNRC001）、中央高校基本科研业务费专项资金项目（2022XJSB03）等的资助与支持。

由于时间仓促，加之作者水平所限，书中纰漏之处在所难免，欢迎广大读者批评指正。

作 者
2023 年 1 月

目　　录

1 绪 论

1.1 沿空动压巷道概述

煤炭是我国的支柱能源，从传统时代到现代，采煤工艺经历了手工采煤、爆破采煤、普通机械化采煤和综合机械化采煤等几大发展阶段。采煤工艺和采掘装备的不断升级改进，推动了整个煤炭工业向前发展[1,2]。现阶段，煤炭井工开采主要分为柱式和壁式两大开采体系，我国形成了以井工长壁开采为主的开采体系。初期的长壁工作面主要使用坑木支护，人工将煤装入小型矿车上，而后逐渐发展为人工掏底槽与爆破相结合的方法，同时工作面运输也使用了有轨矿车。据文献记载，20 世纪 50 年代以前，中国煤矿主要采用残柱式和高落式采煤方法，巷道掘进量大，产煤量少，通风条件恶劣，生产安全问题突出，资源损失严重。20 世纪 50 年代以后，中国大部分煤矿开始采用长壁采煤法，同时制定了各项安全生产措施，极大地促进了中国采煤技术的进步和发展。

为了开采煤炭，需从地面向地下开掘各种通路，用来运矿、通风、排水、行人等，这些通路统称为巷道。按煤矿巷道的作用和服务范围，主要可分为开拓巷道、准备巷道和回采巷道。

(1) 开拓巷道：为全矿井，一个水平或两个以上采区服务的巷道，如井筒（或平硐）、井底车场、运输大巷、总回风巷、总进风巷、石门等。

根据开拓巷道在矿床开采过程中所起的作用主要可分为以下 4 种。1) 主要开拓巷道：这种开拓巷道在煤炭开采过程中起主要作用，它们在地表有直接出口，主要用作提运煤炭。属主要开拓巷道的有主平硐、主井（竖井或斜井）。2) 辅助开拓巷道：这类开拓巷道在矿床开采过程中起辅助作用，用作通风、排水、运送材料设备、运输人员以及提运矸石等。它们在地表都有直接出口，属辅助开拓巷道的有副平硐、副井（竖井或斜井）。3) 补充开拓巷道：这类开拓巷道是补充主要开拓巷道的不足，用来开采矿床下部的开拓巷道，一般都从主要开拓巷道的最下部水平开掘。竖井、斜井、盲斜井、盲竖井都可作补充开拓巷道。4) 阶段开拓巷道：这类开拓巷道主要为开采阶段服务，属阶段开拓巷有井底车场及硐室、石门、主要阶段运输平巷等。

(2) 准备巷道：为准备采区而掘进的巷道，如采区上、下山，采区车场等。区段准备巷道的布置应综合考虑资源回收、巷道维护等因素，优化巷道布置及支护设计，尽量将巷道布置在压力缓和、围岩稳定的区域和层位。

(3) 回采巷道：形成采煤工作面为其服务的巷道，如开切眼、工作面运输巷、工作面回风巷等。回采巷道在受到采动影响之前，巷道围岩变形量较小，当受到采动影响后，巷道易破坏，严重了会影响到回采工作面的正常推进和安全高效生产。

　　沿空动压巷道或临空动压巷道是指靠近采空区且受到采空区覆岩运动影响的回采巷道。沿空动压巷道在经历上一工作面开采扰动后，会再次受到本工作面超前采动影响，重复采动叠加作用下，易引发巷道大变形、冲击地压等强矿压显现现象，是采掘过程中的重点防控区域。根据相邻工作面间的煤柱留设及隔离方式不同，长壁开采可分为留煤柱开采、充填沿空留巷无煤柱开采、切顶卸压无煤柱自成巷开采等[3~8]，无论哪种开采布置方式，沿空巷道均会受到两个相邻工作面采动影响，其位置示意如图 1-1 所示。

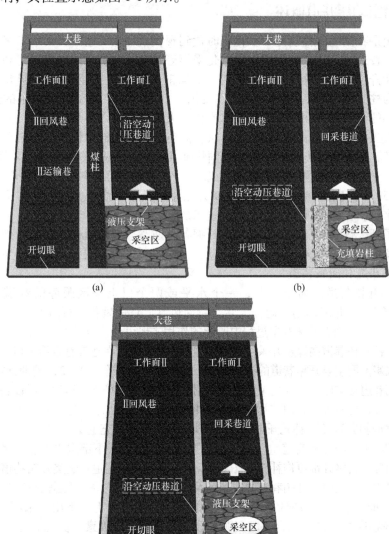

图 1-1　沿空（临空）动压巷道示意

（a）留煤柱开采；（b）充填沿空留巷无煤柱开采；（c）切顶卸压无煤柱自成巷开采

1.2 巷道围岩卸压控制技术发展现状

巷道围岩控制除了采用支护手段外，另一种常用方法是卸压法。在巷道形成前后或形成期间，采用人工干预的方式改变围岩承载结构，减小巷道受压，以达到保护巷道的目的[9~11]。目前，煤矿最常用的卸压技术主要包括钻孔卸压、爆破卸压和水力压裂卸压等[12~15]。

1.2.1 钻孔卸压技术

钻孔卸压技术是一种普遍使用的巷内卸压技术，通过施工钻孔，促使围岩裂隙在高应力作用下快速发育，在围岩破坏的过程中，高应力得到释放，围岩浅部中的高应力转移到围岩深部，使浅部围岩处在相对更加稳定的低应力区内。钻孔卸压技术原理如图 1-2 所示，巷道开挖打破了原岩应力场的平衡状态，应力重新分布后，围岩由浅到深形成破碎区、塑性区及弹性应力升高区，塑性区与弹性应力升高区交界为应力峰值位置。钻孔开挖与巷道开挖类似，在巷道内部开挖多个钻孔后，钻孔围岩在重分布应力作用下，由浅到深也形成破碎区、塑性区及弹性应力升高区，多个钻孔的破碎区、塑性区相互重合，即在巷道卸压部位组成一个大的卸压圈，原峰值位置的应力降低，达到卸压的目的[16]。

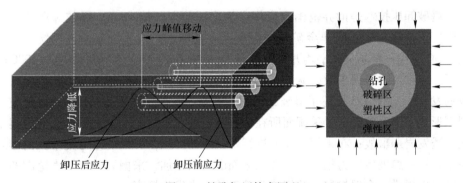

图 1-2 钻孔卸压技术原理

钻孔卸压作为防治冲击地压危险的积极措施，正逐渐得到普遍应用。钻孔卸压在德国等国家被普遍认为是最简单实用的卸压方法。在施工卸压孔时，德国在《预防冲击地压规程》[17,18]中规定：打卸压孔前一定要用钻屑法查明压力带的范围和程度。只允许在低应力区开始施工卸压孔，且要由低应力区向高应力区钻进，并同时记录每米钻孔的钻屑量、高压特征和特殊情况。卸压钻孔必须使用远距离操纵的钻机进行钻孔施工。苏联也对钻孔卸压进行了大量研究[19]，研究表明，当钻孔孔径为 300mm，孔间距为 1.5~2m 时，煤层卸压效果较好。Mogi[20]研究认为，紧跟巷道掘进，在巷道掘进面附近进行岩体卸压的效果最佳。当煤体宽度与钻孔直径之比为 0.8~1.0 时可以保证岩层的弯曲应变发生在破坏空间煤体阻力恒定。

国内对钻孔卸压也进行了相关研究。王猛等[21]分析了深部巷道钻孔卸压机理，提出以应力转移效果及围岩变形控制效果作为卸压效果的直接评价指标，初步将卸压程度分为非充分卸压、充分卸压和过度卸压 3 类，完善了钻孔卸压技术体系。吴鑫等[22]通过三维离散元分析软件，较为详细地研究了不同孔径钻孔在深部巷道中的卸压效果。对巷道两帮钻孔卸压以后，应力集中区域由两帮转移到了围岩深部，且集中在了卸压孔的末端。赵国玺[23]对卸压钻孔在空间的最优位置选择、孔径选择及钻孔空间的组合等进行探讨，为具体煤矿进行综合防控冲击地压提供了技术依据。马斌文等[24]研究了钻孔卸压防治煤体冲击地压机理，推导了钻孔卸压区的边界方程，分析了煤体性质、钻孔直径及应力环境对钻孔卸压区分布的影响。杨军等[25]分析得出沿空巷道底鼓的复合型变形力学机制，提出采用"四控一措施"新技术将复合型变形力学机制转化为单一型变形力学机制，即将顶板、两帮、底角和底板四部位看作是相互联系的整体，综合控制各部位变形，达到有效控制底鼓的目的。

1.2.2 松动爆破卸压技术

爆破卸压技术是世界范围内应用最为广泛的卸压技术[26]。爆破卸压技术最早应用于南非金矿。南非金矿开采深度大，岩爆事故发生频率高。据统计，20世纪 90 年代，南非金矿平均开采深度已经达 1600m，预计未来可能达到 4000m。为了应对频繁的岩爆事故，减低伤亡率，南非金矿采用爆破卸压方法减少岩爆事故的发生[27]。图 1-3 描述了爆破卸压的基本原理：在采掘活动进行中，采掘空间周围形成了围岩破裂区，采掘面所在位置围岩破坏深度较小，容易形成应力集中区，诱发岩爆事故；在采掘面前方进行爆破松动卸压，可以使应力集中区向围岩深处转移；爆破后应力集中区距离采掘面的距离增加，采掘面前方较大范围的破碎区可以提供一个保护层，缓解或降低事故灾害发生概率。

多层煤开采过程中，上层煤开采后总会留下一些无法开采的遗留煤柱。当开采下层煤时，上层遗留煤柱将在其下方形成应力集中区，容易诱发冲击地压等灾害事故。在下层煤回采前，可以采用爆破卸压方法降低应力集中区的应力，这种提前干预的措施广泛应用于捷克和波兰的煤矿。捷克许多煤矿采用深孔爆破卸压方法消除岩爆或冲击地压隐患，爆破孔布置在顶板坚硬岩层中，炮孔最大长度达到 120m，爆破范围大，覆盖整个有冲击风险的区域[28]。此外，波兰、捷克和德国很多煤矿采用煤层卸压爆破措施，在掘进工作面或回采工作面进行松动爆破，使采掘空间附近煤体发生破碎，形成缓冲层。

国内外对爆破卸压技术开展了大量研究。Konicek 等[29]认为作为一种应对高

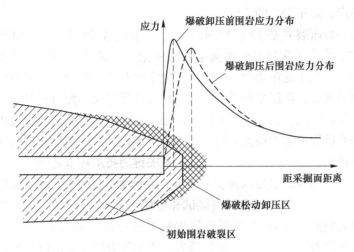

图 1-3 采掘面爆破卸压技术原理

应力灾害的实用技术，卸压爆破的目的包含两方面：一是通过弱化坚硬岩层，降低其弹性模量；二是释放应力。爆破效果的评价多采用钻孔窥视或地球物理方法[30]。例如，在加拿大一个金属矿采场采用震动波检测方法，获得了 P 波和 S 波分布图，以此作为评价爆破后岩体弹性模量变化的指标。Andrieux 和 Hadjigeorgiou 等[31]提出了一种针对大规模卸压爆破的分级评价方法，采用了 9 种参数进行评价，包含岩体刚度、岩体脆性、岩体破裂程度、岩体接近屈服破坏的程度、卸压爆破方向、卸压爆破孔布置参数、单位爆破能、装药参数。Konicek[32]采用三维应力监测方法跟踪爆破卸压后采煤工作面前方的应力变化值，并将其作为评估卸压爆破效果的依据。三维应力监测采用的仪器装置与钻孔应力解除法相同，与钻孔应力解除法测试绝对应力不同的地方是不进行应力解除，只监测采动造成的数据变化。采集的数据不是绝对应力，而是应力相对变化值。在我国煤矿，利用爆破卸压方式防治冲击地压的案例非常多。对于存在坚硬顶板的煤矿，爆破钻孔多布置在坚硬顶板中[33~35]；对于有明显冲击倾向的煤层，钻孔布置在煤层中[36]。爆破卸压方法也用来治理严重的煤巷底鼓问题[37,38]，在煤帮底角区域进行爆破作业，降低底角处的应力集中程度。采用爆破方法控制高应力软岩巷道变形的案例在国内比较多见[39,40]。

1.2.3 水力压裂卸压技术

水力压裂（hydraulic fracturing）技术是利用高压水作为介质，在限定的封孔空间里，岩体在高压水的作用下克服岩体的最小主应力与抗拉强度发生破裂并产生裂隙。岩体的原生裂隙和压裂产生的裂隙，通过气、固、液多相多场耦合，使裂隙进一步扩展和延伸，形成具有一定宽度、长度的人工裂缝，从而实现岩体增透、油气增产、卸压等目的[41]。

世界第一口压裂井是 19 世纪 50 年代在美国堪萨斯州霍顿气田压裂成功的 Kelpper-1 井，水力压裂技术已由简单的低液量、低排量压裂增产方法发展成为一项成熟的广泛用于低渗透油、气田的开发中的开采工艺技术。水力压裂技术广泛应用地应力测试、煤层瓦斯增透、采空区处理等方面。相对于其他行业领域零散且相对简单的应用，油气开发的巨大市场及其技术应用的复杂性对水力压裂理论和技术的发展推动作用很大。特别是过去十年来，美国在致密页岩气开发方面取得突破性进展，而水力压裂技术是其中最关键的技术环节之一。

在采矿工程领域，水力压裂技术在采空区坚硬顶板卸压处理、煤层冲击地压防治、瓦斯突出防治等方面也得到尝试和应用。Jeffrey 和 Mills[42] 将水力压裂技术应用于澳大利亚 Moonee 煤矿采空区顶板冒落控制，实现了可控的顶板冒落。水力压裂的对象为厚度很大的顶板巨砾岩，水力压裂作业使巨砾岩层中产生一条水平裂纹，裂纹高度位于砾岩层底部以上 7~10m 处。预期裂隙在注水孔周围按照径向扩展，形成一个硬币状的裂隙面，裂隙扩展到一定范围后将使顶板冒落。波兰很早就在煤矿和金属矿进行了水力压裂作业[43]。水力压裂作业主要在两方面应用，一种应用是控制煤矿坚硬顶板的冒落；另一种应用是释放矿山压力，防治冲击地压。

近年来，我国煤矿采用水力压裂控制坚硬顶板冒落的案例越来越多[44]，水力压裂过程包含钻孔和压裂两大阶段，如图 1-4 所示。冯彦军等[45] 利用水力压裂技术控制坚硬顶板的垮落，采用类似波兰的钻孔切槽方式控制裂隙面的扩展。该

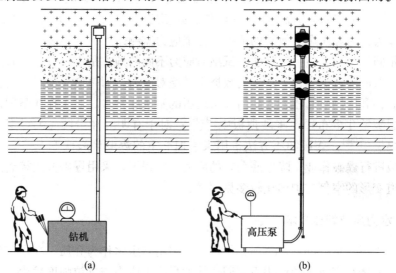

(a)　　　　　　　　　　　　(b)

图 1-4 水力压裂技术实施过程

(a) 钻孔过程；(b) 压裂过程

项作业主要应用于工作面坚硬顶板初次放顶，防止形成大面积顶板垮落，减少安全隐患。水力压裂作业在工作面开采之前进行，因此顶板应力仍属于原岩应力状态，裂隙面的实际扩展方向会受到原岩应力的影响。李文魁[46]认为在煤层中制造大量人工裂隙与天然裂隙勾通，对提高煤层压裂效果有较大帮助。翟成等[47]提出了煤层脉动水力压裂卸压增透技术，分析了脉动水作用下煤体的疲劳损伤破坏特点及高压脉动水楔致裂机理，工业性试验结果表明脉动水力压裂比普通水力压裂卸压增透效果明显。

1.3 卸压控制理论发展概况

1.3.1 钻孔卸压理论研究

在具有高应力的煤体内施工钻孔后，钻孔周围的煤体受力状态会发生变化，使煤体应力降低，支承压力的分布发生变化，应力峰值位置向煤体深部转移。钻孔卸压技术的设计理论是通过开挖大直径钻孔的方法在巷道周围煤体深部形成一个强度弱化区或弱化带，为煤体在应力释放过程中产生的膨胀变形提供一个补偿空间。

单个钻孔周围应力及变形与岩体的侧压系数有关，可以分为双向等压应力状态和双向不等应力状态，下面对钻孔卸压进行受力分析。

1.3.1.1 双向等压应力场内的卸压钻孔[48]

（1）基本假设：1）围岩为均质，各向同性，线弹性，无蠕变或黏性行为；2）原岩应力为各向等压（静水压力）状态；3）钻孔在无限长的钻孔长度里，围岩的性质一致。

应用解决平面应变问题的方法，选取钻孔任一截面作为其代表研究，如图1-5所示，并且埋深 H 大于或等于20倍的钻孔半径 R_0。

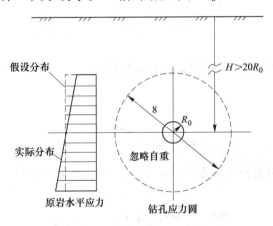

图 1-5 深埋巷道的力学特点

研究表明，当埋深 $H \geqslant 20R_0$ 时，可以不考虑钻孔影响范围（3～5 倍的 R_0）内的岩石自重，与原问题的误差不会超过 10%。

水平围岩应力可以简化为均布应力[49]，原问题就构成荷载与结构都是轴对称的平面应变钻孔问题（如图 1-6、图 1-7 所示）。

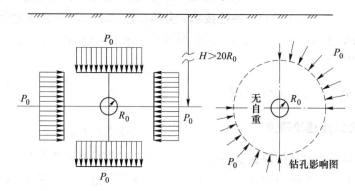

图 1-6 轴对称钻孔的条件

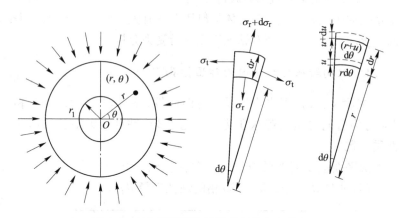

图 1-7 双向等压钻孔周围单元体应力分布

（2）基本方程。根据图 1-7 的分析，可以求出钻孔周围的应力平衡方程、几何方程：

平衡方程：

$$\sigma_r - \sigma_t + r \frac{\mathrm{d}\sigma_r}{\mathrm{d}r} = 0 \tag{1-1}$$

式中，σ_r、σ_t 分别为径向应力和切向应力；r 为微单元的半径。

几何方程：

$$\frac{\mathrm{d}\sigma_t}{\mathrm{d}r} - \mu \frac{\mathrm{d}\sigma_r}{\mathrm{d}r} = \frac{1+\mu}{r}(\sigma_r - \sigma_t) \tag{1-2}$$

式中，μ 为弹性常数。

（3）计算结果。假设 σ_1 由自重应力引起，$\sigma_1 = \gamma H$，结合钻孔周围的应力平衡方程和几何方程，可以求解得半径为钻孔周围任一点的径向应力 σ_r 和切向应力 σ_t。

$$\sigma_r = \gamma H \left(1 - \frac{r_1^2}{r^2} \right) \tag{1-3}$$

$$\sigma_t = \gamma H \left(1 + \frac{r_1^2}{r^2} \right) \tag{1-4}$$

式中，r_1 为钻孔的半径。

由式（1-3）和式（1-4）两式可以绘出钻孔在双向等压应力场中周围应力分布，应力分布图如图 1-8 所示。

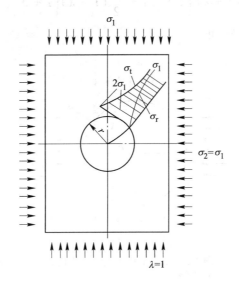

图 1-8 双向等压钻孔周围单元体应力分布

由钻孔周围切向应力和径向应力的关系式以及钻孔在双向等压应力场中的周围应力分布图，可知：

1）在双向等压应力场中，钻孔周边全处于压缩应力状态。

2）应力大小与弹性常数 E、μ 无关。

3）σ_t、σ_r 的分布和角度无关，皆为主应力，即切向和径向平面均为主平面。

4）双向等压应力场中钻孔周边的切向应力为最大应力，其最大应力集中系数 $K = 2$，且与孔径的大小无关。当 $\sigma_t = 2\gamma H$ 超过孔周边围岩的弹性限时，围岩将进入塑性状态。

5）其他各点的应力大小则与孔径有关。若定义以 σ_t 高于 $1.05\sigma_1$ 或 σ_r 低于 $0.95\sigma_1$ 为钻孔影响圈的边界，则 σ_t 的影响半径：$R_i = \sqrt{20}\,r_1 \approx 5r_1$

6）由式（1-3）和式（1-4）可知，在双向等压应力场中圆孔周围任意点的切向应力 σ_t 和径向应力 σ_r 之和为常数，且等于 $2\sigma_1$。

1.3.1.2　双向不等压应力场内的钻孔

双向不等压应力场内的钻孔应力分布如图 1-9 所示，根据弹性理论，可以得出双向不等压应力场内钻孔的切向应力与径向应力解：

$$\sigma_r = \frac{\gamma H}{2}(1 + \lambda)\left(1 - \frac{r_1^2}{r^2}\right) - \frac{\gamma H}{2}(1 - \lambda)\left(1 - 4\frac{r_1^2}{r^2} + 3\frac{r_1^4}{r^2}\right)\cos2\theta \qquad (1\text{-}5)$$

$$\sigma_t = \frac{\gamma H}{2}(1 + \lambda)\left(1 + \frac{r_1^2}{r^2}\right) + \frac{\gamma H}{2}(1 - \lambda)\left(1 + 3\frac{r_1^4}{r^2}\right)\cos2\theta \qquad (1\text{-}6)$$

式中，θ 为微单元的坐标角。

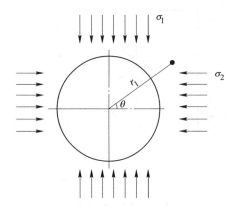

图 1-9　双向不等压应力场中的钻孔

一般情况下，钻孔周围的侧压系数可以认为 $\lambda = 0.5$，因此可以研究在侧压系数为 0.5 时，钻孔周围的应力状态。

当 $\lambda = 0.5$ 时，则有：

$$\sigma_r = \frac{3\gamma H}{4}\left(1 - \frac{r_1^2}{r^2}\right) - \frac{\gamma H}{4}\left(1 - 4\frac{r_1^2}{r^2} + 3\frac{r_1^4}{r^2}\right)\cos2\theta \qquad (1\text{-}7)$$

$$\sigma_t = \frac{3\gamma H}{4}\left(1 + \frac{r_1^2}{r^2}\right) + \frac{\gamma H}{4}\left(1 + 3\frac{r_1^4}{r^2}\right)\cos2\theta \qquad (1\text{-}8)$$

由此得 $\theta = 0°$、$90°$、$180°$ 及 $270°$ 轴线上的径向应力与切向应力的分布图，如图 1-10 所示。

由此可知，当侧压系数 $\lambda = 0.5$ 时，钻孔的顶底部出现拉应力区，在钻孔两

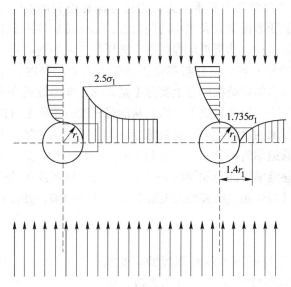

图 1-10 钻孔周围的应力分布 ($\lambda = 0.5$)

侧的最大主应力集中系数 $\dfrac{(\sigma_t)_{max}}{\sigma_1}$ 值达到 2.5。$\theta = 90°$ 时，拉应力最大。即在一般情况下，开挖钻孔后，在钻孔的顶底部出现应力集中，当周围应力超过钻孔围岩应力时，钻孔会发生破坏，为围岩应力的释放提供了空间，从而起到卸压作用。

1.3.2 爆破卸压机理研究

爆破卸压方法属于应力控制法中人工卸压的一种较为有效的方式，属于功能爆破，一般多为松动爆破，通过在围岩钻孔底部集中装药爆破，使装药区附近岩体与深部岩体"脱离"，应力集中向围岩深部转移，从而达到卸压的目的[50]。

岩体材料破坏分为断裂失效和屈服失效，断裂失效可由最大拉应力理论与最大伸长线应变理论解释，最大强度理论与最大畸变能密度理论则可解释屈服失效。巷道围岩破坏解释离不开这四种强度理论。无论卸压位置是在巷帮，还是顶底板，均可从应力、变形及能量角度认识爆破卸压机理[51]。

（1）卸压应力分布原理。深部巷道开挖后，随着径向应力的卸除，围岩切向应力将增至原岩应力的 2~3 倍，岩体处于非稳定状态[52~54]，当应力集中超过岩石的极限强度时，将导致围岩局部发生破坏甚至整个巷道失稳。因此，若要维护巷道围岩的稳定，就得改善这种不利的应力分布或提高围岩的承载能力。转移到围岩深部的这一升高应力区反而起到承载环的作用，从而保护了巷道周边岩体的稳定[55,56]。王永岩等[57]认为巷帮爆破卸压后垂向支承压力向岩体内部转移，减小了巷道壁面对支护结构的压力，从而维持支护结构与围岩的稳定。段克信[58]开展了在巷道两帮围岩支承压力区内进行深孔松裂爆破研究，相邻炮孔爆破裂隙贯通形成了变形模量大大减小的弱化带，弱化带岩体内部应力降低，使支承压力向岩体深部转移，巷帮近区煤柱处于降压区，从而提高巷道稳定。

（2）卸压的能量原理。在分析巷道围岩受力变形问题时，常将岩体看作均匀连续介质，工程岩体在结构形态上实际上是非均匀非连续的介质，且在受到开挖扰动后，不连续不均匀现象更加突出。从能量角度分析问题可以越过单独采用应力或应变分析带来的麻烦，能量是对综合应力与应变的结果，更能从本质上探求爆破卸压前后巷道围岩的稳定性，有利于开挖、检测及支护方案的设计。

岩体开挖后巷道围岩能量积聚状态会发生改变，围岩发生的变形、破坏等力学效应可以看作是岩体集聚的弹性应变能释放做功的结果，并符合如下能量平衡方程[59]：

$$W_c + W_n + W_f = f \qquad (1-9)$$

式中，W_c 为岩体开挖时围岩重新积聚的应变能；W_n 为岩体变形过程吸收的应变；W_f 为支护结构吸收的应变能；f 为常数，可理解为岩体开挖后远处应力场作用下赋予周边岩体的能量。

由式（1-9）可知，巷道稳定的前提是围岩积聚应变能 W_c 不超过围岩保持完整时的允许限度，要维护围岩的稳定，应增加增大 W_n 和 W_f 值。卸压爆破在围岩内部可形成一定空间损伤区域，岩体积聚弹性能释放过程，即增大 W_n 过程。在此基础上，通过在卸压区内进行合理支护，即提高 W_f，便可使围岩积聚能 W_c 减小。

（3）卸压的位移原理。卸压爆破前，钻孔过程本身就给高应力区域岩体的变形提供了自由空间，在原有炮孔的基础上，爆破作用后岩体内部形成了更大的扩腔与空间裂隙网络，这为围岩变形提供了一定的补偿空间，从而可以部分地缓解和控制围岩的挤出变形，以降低巷道内敛。

总的来看，卸压爆破导致了岩体内部损伤，释放了积聚的弹性能，为岩体进一步变形提供了额外空间，阻断了地应力的传递路线，使应力向深部转移，从而实现卸压的目的。

1.3.3 压裂卸压机理研究

水力压裂的机理是水力压裂研究领域中的核心问题[44,60]。在水力压裂裂隙扩展机理方面，Hubbert 等[61]基于油气开发领域大量的实践工作，对水力压裂裂隙扩展力学机理进行了全面分析，认为无论压裂液是渗透性的还是非渗透性的，压裂面的扩展方向大致与最小主应力方向垂直；在受构造影响的应力释放区，如正断层附近，最小主应力方向接近水平方向，压裂面沿垂直方向扩展，压裂液的压力不应当超过上覆岩层压力；在构造形成的挤压区，最小主应力指向垂直方向，压裂面沿水平方向扩展，压裂液的压力应当不小于上覆岩层压力。此外还给出了保证裂隙开裂和张开的压裂液压力计算方法。

在油气开发领域广泛应用的裂隙扩展模型为 KGD[62] 和 PKN[63,64] 模型。KGD 是一个二维垂直裂隙扩展模型，裂隙面在垂直方向扩展范围远大于水平方向，因此可以作为水平面上的平面应变问题来处理。KGD 模型中，裂隙的高度是固定的，需要计算的是裂隙在宽度和长度方向的扩展。KGD 模型如图 1-11 所示。PKN 是另一个二维垂直裂隙扩展模型，裂隙面在水平方向扩展范围远大于垂直方向，因此可以作为垂直面上的平面应变问题来处理。PKN 模型中，裂隙在垂直面上呈椭圆形，裂隙的高度也是固定的，需要计算的是裂隙的宽度和长度。PKN 模型如图 1-12 所示。

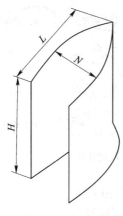

图 1-11　KGD 模型

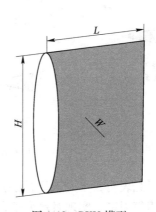

图 1-12　PKN 模型

在煤炭开采领域，水力压裂机理的研究主要是裂隙发育的方位和程度及压力演化等。煤体水力破裂是根据 H. M. 别秋克[65] 的假说提出的，他认为水力压裂的起裂压力大于岩石的强度。Bjerrum 等[66] 得出了水力劈裂沿最小主应力面的方向发生的结论。丁金粟等[67] 通过试验得出水力劈裂发生的必要条件之一是土体中的有效最小主应力达到土体的抗拉强度。一些学者认为水力劈裂破坏属于剪切破坏，Fukushima[68] 研究认为在假设应力在任意方向上线性分布的前提下，水力劈裂破坏准则可用摩尔-库仑准则代替。Pater 等[69] 通过三轴水力劈裂试验对最小主应力和注水速率之间的关系进行了研究。陈勉等[70] 采用大尺寸真三轴模拟试验系统模拟地层条件，研究了岩体水力劈裂裂纹的走向及裂纹宽度的影响因素。邓广哲[71] 采用地应力场控制下水压致裂的方法，研究了水压裂缝扩展行为的控制参数。此外，大量研究人员提出了水力劈裂是由两种或多种机理叠加产生。

吴拥政[26] 研究了压裂钻孔内预制横向切槽对压裂裂隙扩展的影响。水力压裂裂隙在钻孔未切槽时，最小主应力对裂隙扩展方向具有控制作用。钻孔横向切槽是形成定向水力压裂裂隙的有效方法，得出了水力裂缝在原生裂隙处滑移和贯穿模式，如图 1-13 所示。潘林华等[72]对页岩储层水力压裂裂缝扩展规律进行了研究，认为天然裂缝分布和水平主应力差共同决定页岩复杂裂缝网络的形成，天然裂缝与水平最大主应力方向的角度越大、水平主应力差越小，越容易形成复杂裂缝网络。张羽等[73]采用真三维水力压裂物理模拟实验平台进行煤样真三轴水力压裂物理模拟试验，模拟不同地层应力、渐进角条件下煤样水力压裂过程。煤系地层与油气储层相比，具有原生裂隙发育、弹性模量低、泊松比高等特点。在原岩应力、采动应力及瓦斯压力等多种应力作用下，水力裂缝的起裂、扩展规律不同于油气储层[74~76]。

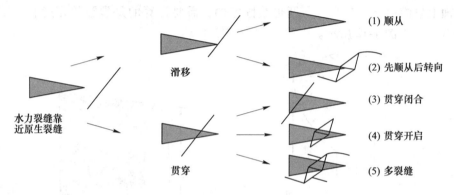

图 1-13　原生裂隙对水力裂隙扩展的影响

　　上述研究表明，水力压裂裂隙扩展方向决定于主应力方向、天然裂隙场、压裂钻孔切槽等因素。实现对水力压裂裂隙的扩展方向控制，存在两种可行的路径选择：一是通过辅助作业措施，改变作业区域的原岩应力场，使新形成的水力压裂裂隙按照指定的方向扩展；二是采用钻孔预处理措施，在期望的裂隙扩展方向进行切槽、射孔等作业，诱导水力压裂裂隙面的扩展方向，实现压裂控制卸压。

2 定向预裂爆破切顶卸压控制理论

切顶卸压多采用爆破方式，爆破过程中的爆轰波传递机制、爆生裂缝扩展规律等的研究是围岩控制的一个重要前期工作。只有保证顶板裂缝"切得开"，方可进行后期的切顶宏观参数优化。基于爆破损伤理论，本章主要分析了双向聚能张拉成型爆破定向预裂卸压机理。通过理论分析、数值模拟、现场试验等方法探讨了普通爆破模式和聚能爆破模式下顶板裂纹扩展演化机制和规律等，以期为切顶卸压参数设计优化提供参考。

2.1 顶板岩体预裂爆破理论分析

2.1.1 岩体爆破破坏理论

炸药在岩体中爆破是一个极为复杂的化学、物理反应过程，爆破效果与岩体性质和岩石应力环境等均有关系。由于爆破过程的瞬时性和高速性，岩石爆破作用机理仍是一个难题。随着动态测试技术的发展、爆破模拟实验的开展、生产过程的不断实践，一些岩石爆破破坏假说获得多数人认可，总结如下[77~79]：

（1）爆轰应力波反射拉伸理论。该理论认为，爆破过程产生高速、高压应力波，应力波在传播过程和反射过程中造成岩体破坏。炸药在爆破过程产生高温、高压、高速冲击波，从而形成应力波。一方面，应力波的冲压作用造成岩石破坏，由于应力波强度远大于岩石的抗压强度，高应力造成岩石发生冲压破坏，该种破坏模式在爆轰源附近最为明显；另一方面，传播过中的应力波可能遇到自由面，重新发生反射，形成反射波。岩石的抗拉强度远小于其抗压强度，在反射应力波的拉伸作用下，形成新的破坏。可见，该理论认为岩石在爆破作用下的破坏是应力入射波和反射波共同作用的结果。

（2）爆生气体膨胀压力破坏理论。该理论将爆破岩体的破坏归功于爆生气体的膨胀压力。爆破过程中产生以高温、高压为特征的压应力场，高应力致使岩体质点发生径向位移。由于岩石内不同位置距中心药包的距离不同，导致作用在质点上的压力也不相同，从而形成径向位移差。其中，自由面垂直方向较其他方位的位移速度更大，位移不同造成质点产生错动，进而产生剪应力，当剪应力大于岩石的抗剪强度时，岩石发生破坏。爆生气体中含有大量能量，岩石破坏所需时间小于爆生气体的作用时间，因此爆生气体的膨胀压力是造成岩石破坏的根本原因。

（3）爆生气体和应力波综合作用理论。该理论综合考虑了爆破过程中产生的应力波和爆生气体，认为岩体破坏损伤是两者综合作用的结果，但两者所作用的过程和时间段不同。炸药在爆破过程中，岩石内部的裂隙、损伤等是分阶段产生的。首先在爆轰应力波作用下，岩体内形成拉伸、剪切裂缝。应力波在自由面发生反射，在反射波作用下裂纹进一步扩展，同时造成岩石片落。在应力波形成的裂缝空间内，爆生气体再次发生作用，在膨胀压力作用下促使裂隙进一步扩展。

（4）岩体爆破破坏的损伤力学观点。该理论以爆轰能量理论和损伤力学为基础，认为岩石内的原生结构面对岩石的破坏起一定作用。岩石内的不连续界面是一种能量屏障。爆破产生冲击荷载，在作用过程中会发生能量耗散，导致岩石材料劣化。岩石的破坏实质上是在一波又一波的爆轰能量作用下，岩石单元的破坏。因此，岩石的动态损伤演化是一个能量耗散的过程，随着能量耗尽，岩石损伤也逐渐减少。不同爆轰荷载作用下岩体的损伤程度反映了爆破能耗散的效果。

2.1.2　爆破荷载作用过程

爆破预裂过程中，顶板岩体受到爆轰荷载、围岩初始应力等多种因素的作用，其中爆破荷载对裂纹的扩展起至关重要的作用[80]。炸药在炮孔内爆破后，孔壁受到爆破荷载的动态加载作用，在岩体内形成动态应力场。爆破荷载是驱动裂纹扩展的主要动力，但其大小并不是固定的。随时间变化，荷载峰值亦急剧变化。根据应力峰值和作用阶段差异，可将爆破荷载作用过程分为三个阶段，三阶段中的应力峰值大小不同[81]。

炸药爆炸后，首先形成强烈的冲击波，在强烈冲击作用下，岩石被粉碎并产生较大塑性变形，该破碎区域主要集中在爆源附近。爆炸时的爆轰压力平均值可表示为：

$$P_w = \rho_0 D^2 / (2 + 2k) \tag{2-1}$$

式中，P_w 为应力波冲击阶段爆轰压力平均值；ρ_0 为炸药密度；D 为爆生气体速度；k 为等熵指数。

冲击阶段爆生气体与炮孔壁作用的冲击压力峰值可表示为：

$$P_1 = \varpi P_j (P_w / P_j)^{\gamma/k} (V_c / V)^{\gamma} \tag{2-2}$$

式中，ϖ 为增压系数；P_j 为爆轰临界压力值；γ 为绝热指数；V 为爆生气体体积；V_c 为装药体积。

随着冲击波压力减弱，在破碎岩体作用下，距离爆源较远处冲击波逐渐衰减为应力波。应力波虽然没有冲击波强烈，但爆轰产物仍具有较多的能量，在应力波作用下，顶板岩体滋生大量损伤裂缝。此阶段是工程爆破中作用最为明显的阶段，其应力峰值即为边界应力，即：

$$P_2 = \tau_d \tag{2-3}$$

式中，τ_d 为顶板岩体动态抗压强度。

最后阶段，即为爆生气体作用阶段。由于聚能爆破采用不耦合装药模式，爆生气体发生等熵绝热膨胀，该阶段载荷峰值可认为等于爆生气体充满炮孔时的准静态压力：

$$P_3 = (V_k/V)^\gamma P_j \tag{2-4}$$

式中，V_k 为爆生气体膨胀到临界压力时的气体体积，$V_k = (P_w/P_j)^{1/k} V_c$。

2.1.3 爆破岩体应力场分析

2.1.3.1 孔围岩初始应力场

岩体未受扰动前处于一种三维应力场，该应力场主要由自重应力、构造应力、温度应力等构成。一般而言，自重应力场较为稳定，而构造应力与地质赋存条件有较大关系。实际围岩初始应力赋存较为复杂，主应力大小不等，且与水平或垂直方向有一定夹角。考虑到顶板条件结构稳定，地质条件简单，不存在明显的地质构造，在分析过程中认为只受到竖直方向的自重应力 σ_z 和水平方向的侧向应力 σ_x 和 σ_y，可表示为[82]：

$$\begin{cases} \sigma_z = \rho g H \\ \sigma_x = \sigma_y = \lambda \sigma_z = \lambda \rho g H \end{cases} \tag{2-5}$$

式中，λ 为侧压系数；ρ 为顶板上覆岩层平均密度；H 为预裂试验区埋深。

切顶卸压护巷中，预裂爆破孔长度远大于其直径，因此可将爆破孔受力简化为平面应变问题分析。此外，由于试验区域顶板赋存稳定，可将顶板岩体等效为各向同性体。试验区域顶板为近水平方向，为减少采空区顶板垮落对巷道顶板的影响，切缝孔轴向与竖直方向有一定角度 β，将竖直原岩应力在孔径向方向分解，得到考虑切顶角度时的钻孔岩体初始受力示意，如图 2-1 所示。其中，q_0 为垂直方向应力 $\rho g H$，λq_0 等于水平方向应力，q' 为考虑切缝角度后竖向和水平地应力在孔断面方向的分量，可近似表示为 $q_0 \sin\beta + \lambda q_0 \cos\beta$。当切缝孔方向垂直顶板时，$q' = \lambda q_0$；当切缝孔方向平行顶板时，$q' = q_0$。

由于钻孔并非垂直施工，钻孔顶板岩体受到的应力互不相等。对距孔中心不同位置 r 处初始应力求解时采用叠加法计算。为方便求解，将钻孔岩体分解成 (a)(b) 两种受力状态（如图 2-2 所示），每种状态下四个方向受力大小相等，应力 q_1 和 q_2 满足：

$$\begin{cases} q_1 = \dfrac{\sin\beta + \lambda\cos\beta + \lambda}{2} q_0 \\ q_2 = \dfrac{\sin\beta + \lambda\cos\beta - \lambda}{2} q_0 \end{cases} \tag{2-6}$$

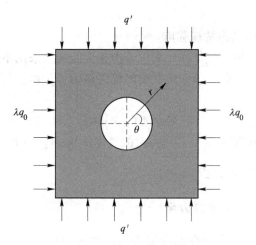

图 2-1 卸压爆破钻孔初始受力示意

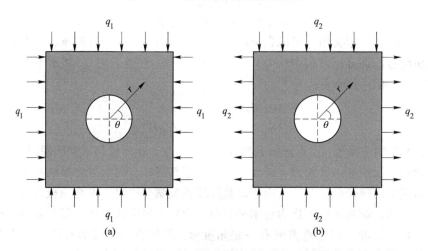

图 2-2 爆破钻孔初始受力分解

现对两种受力状态分别求解。图 2-2（a）中，该钻孔受到四个大小相等，同指向孔心的作用力，根据弹性力学理论，可得该分解力作用下距离钻孔中心 r 处位置应力满足：

$$\begin{cases} \sigma_r = q_1 \left(1 - \dfrac{a^2}{r^2} \right) \\ \sigma_\theta = q_1 \left(1 + \dfrac{a^2}{r^2} \right) \\ \tau_{r\theta} = 0 \end{cases} \tag{2-7}$$

式中，a 为钻孔半径；r 为应力求解位置距爆破孔中心距离。

图 2-2（b）中，孔壁受到大小相等，但指向不同的作用力，根据弹性力学

理论，得到该条件下距离钻孔中心 r 处位置应力满足：

$$
\begin{cases}
\sigma_r = q_2\left(1 - 4\dfrac{a^2}{r^2} + 3\dfrac{a^4}{r^4}\right)\cos2\theta \\[2mm]
\sigma_\theta = q_2\left(1 + 3\dfrac{a^4}{r^2}\right)\cos2\theta \\[2mm]
\tau_{r\theta} = q_2\left(1 + 2\dfrac{a^2}{r^2} - 3\dfrac{a^4}{r^4}\right)\sin2\theta
\end{cases}
\tag{2-8}
$$

根据叠加原理，将钻孔分解应力（a）（b）进行叠加，可得出：

$$
\begin{cases}
\sigma_r = q_1\left(1 - \dfrac{a^2}{r^2}\right) - q_2\left(1 - 4\dfrac{a^2}{r^2} + 3\dfrac{a^4}{r^4}\right)\cos2\theta \\[2mm]
\sigma_\theta = q_1\left(1 + \dfrac{a^2}{r^2}\right) + q_2\left(1 + 3\dfrac{a^4}{r^2}\right)\cos2\theta \\[2mm]
\tau_{r\theta} = q_2\left(1 + 2\dfrac{a^2}{r^2} - 3\dfrac{a^4}{r^4}\right)\sin2\theta
\end{cases}
\tag{2-9}
$$

将式（2-6）代入式（2-9），得到钻孔围岩初始应力：

$$
\begin{cases}
\sigma_r = \dfrac{\sin\beta + \lambda\cos\beta + \lambda}{2}\left(1 - \dfrac{a^2}{r^2}\right)q_0 - \dfrac{\sin\beta + \lambda\cos\beta - \lambda}{2}\left(1 - 4\dfrac{a^2}{r^2} + 3\dfrac{a^4}{r^4}\right)q_0\cos2\theta \\[3mm]
\sigma_\theta = \dfrac{\sin\beta + \lambda\cos\beta + \lambda}{2}\left(1 + \dfrac{a^2}{r^2}\right)q_0 + \dfrac{\sin\beta + \lambda\cos\beta - \lambda}{2}\left(1 + 3\dfrac{a^4}{r^2}\right)q_0\cos2\theta \\[3mm]
\tau_{r\theta} = \dfrac{\sin\beta + \lambda\cos\beta - \lambda}{2}\left(1 + 2\dfrac{a^2}{r^2} - 3\dfrac{a^4}{r^4}\right)q_0\sin2\theta
\end{cases}
$$

$$\tag{2-10}$$

2.1.3.2 钻孔爆炸载荷应力场

对爆破荷载作用过程分析可知，爆轰作用可分为三个阶段，在不考虑地应力场的条件下，假设钻孔内部只受到均布荷载 P 的作用。爆炸载荷作用下钻孔岩体受力如图 2-3 所示。

爆破荷载单独作用下，孔壁受到均匀荷载 P 作用，根据弹性力学理论可得到距孔中心距离 r 处，应力状态可表示为：

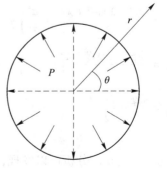

图 2-3　爆炸载荷作用下
钻孔受力图

$$\begin{cases} \sigma_r = \zeta\, \dfrac{a^2 P}{r^2} \\[2mm] \sigma_\theta = -\zeta\, \dfrac{a^2 P}{r^2} \\[2mm] \tau_{r\theta} = 0 \end{cases} \tag{2-11}$$

式中，ζ 为聚能系数，与聚能装置有关。当位于聚能方位时 $\zeta>1$，非聚能方位时 $\zeta<1$。

2.1.3.3 爆破顶板岩体应力场分析

通过前文分析可知，钻孔岩体受到初始应力场和爆破应力场共同作用，在两者耦合作用下发生损伤及形变，受力模型如图 2-4 所示。

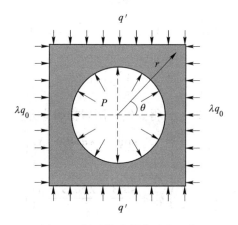

图 2-4 爆破钻孔耦合受力示意

同样根据叠加原理，考虑地应力场和爆破荷载共同作用下，距离孔中心 r 位置处总应力可表示为：

$$\begin{cases} \sigma_r = \dfrac{\sin\beta + \lambda\cos\beta + \lambda}{2}\left(1 - \dfrac{a^2}{r^2}\right) q_0 - \dfrac{\sin\beta + \lambda\cos\beta - \lambda}{2}\left(1 - 4\dfrac{a^2}{r^2} + 3\dfrac{a^4}{r^4}\right) q_0\cos2\theta + \dfrac{\zeta a^2 P}{r^2} \\[3mm] \sigma_\theta = \dfrac{\sin\beta + \lambda\cos\beta + \lambda}{2}\left(1 + \dfrac{a^2}{r^2}\right) q_0 + \dfrac{\sin\beta + \lambda\cos\beta - \lambda}{2}\left(1 + 3\dfrac{a^4}{r^2}\right) q_0\cos2\theta - \dfrac{\zeta a^2 P}{r^2} \\[3mm] \tau_{r\theta} = \dfrac{\sin\beta + \lambda\cos\beta - \lambda}{2}\left(1 + 2\dfrac{a^2}{r^2} - 3\dfrac{a^4}{r^4}\right) q_0\sin2\theta \end{cases}$$

$$\tag{2-12}$$

通过以上理论分析可以发现，钻孔顶板岩体受地应力场和爆破应力场共同影响，其一点的应力状态与爆轰荷载、埋深、切缝倾角、聚能方位等均有关系，根据一点的应力状态并结合岩体破坏准则可大致确定该点是否发生破坏。但是，爆破过程中的爆破荷载一般呈动态变化过程，其传递规律也较为复杂，往往很难直接确定，加大了分析难度，一般可结合经验公式及数值模拟方法进一步分析其变化状态。

2.2 聚能张拉爆破定向切缝理论分析

2.2.1 双向聚能张拉成型爆破技术

无煤柱自成巷技术的典型特点是需进行顶板预裂切缝，因此定向预裂切缝是无煤柱自成巷的关键和基础。普通爆破后，爆生产物和爆轰能量向四周扩散，压力作用较为均匀，很大一部分能量耗散在破碎岩体上，同样的装药量往往出现破碎区范围广但深度浅的现象，如图2-5（a）所示。

利用岩石的抗压怕拉特性，研发了双向聚能张拉成型爆破技术[83,84]，爆破能量作用如图2-5（b）所示。该技术实施过程中，爆破能量按照人为设定的方向流通，在巷道顶板与采空区顶板交界面方向产生聚能流，形成强力气楔力，集中作用在设定方向上，裂隙内的张拉力大于其抗压强度时，裂隙产生，形成切缝线。

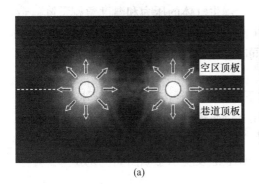 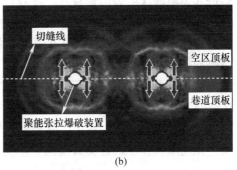

图 2-5　顶板双向聚能张拉成型爆破作用原理

（a）自由爆破模式；（b）聚能爆破模式

根据岩石相关爆破理论，结合双向聚能张拉成型爆破技术工艺特点，可将无煤柱自成巷聚能张拉爆破作用过程分为以下几个阶段：

（1）聚能流侵彻岩体阶段。首先利用双向抗拉聚能装置进行装药，聚能孔方向与巷道轴线方向平行。炸药爆炸后，由于聚能装置的聚能作用，瞬间产生高温、高压、高速聚能流，集中作用在聚能方向上。该阶段是一个急剧变化的化学反应过程，生成的产物具有极高的温度和压强。在爆生产物的强烈气楔作用下，聚能流侵彻设定方向上的岩体，作用在孔壁上，使其产生初始裂隙，为后续的应力波和爆生气体进一步扩展裂纹起到定向作用。

（2）爆轰冲击波作用阶段。在聚能流侵彻完毕后，爆生产物充填胀满爆破孔。爆轰冲击波集中作用在由聚能流侵彻形成的初始微裂隙中，产生气楔作用，在垂直于初始裂隙方向产生张拉力，进一步增大裂隙宽度，致使岩体沿预裂隙方向断裂，从而促进裂隙（面）扩展、延伸。该张拉力远大于岩体的抗拉强度，顶板在此阶段易发生粉碎破坏，而保护方位（非聚能部位）则破坏较少。

（3）应力波作用阶段。随着冲击波作用强度减弱，在粉碎区边界区域，冲击波衰减为应力波，此时的波强度低于岩体的抗压强度，很少会造成压剪破坏，但远大于岩体的动态抗拉强度。此时，由爆生气体作用在非聚能方向上的压应力也将产生一部分张拉应力，作用在垂直于切缝线方向上的聚能装置壁上，促进径向拉伸裂隙产生。此阶段裂隙大量延伸扩展，聚能装置起到三个基本力学作用：1）对岩体产生聚能压力作用，此时聚能方向局部受压，产生局部裂隙；2）炮孔围岩非聚能方向均匀受压，局部集中受拉，有助于裂缝扩展；3）聚能垂直方向受张拉力作用，成为裂纹扩展的主要驱动力。

（4）爆生气体作用阶段。裂隙网形成后，爆生气体起最后的驱动作用。爆生气体阶段作用较为缓和，主要形成静态应力场。由于此阶段的静态力远小于爆轰初期的动态压力，因此裂纹扩展幅度、驱动发育程度与爆生气体作用时间、气体进入裂隙的深度等因素有关。此外，由于爆生气体的压力和温度急剧下降，造成受压岩体弹性能释放，岩体质点向孔中心方向移动，有助于生成少量的环状裂隙。实际聚能爆破过程中，几个孔往往同时起爆，炮孔间的应力叠加效应增加了裂纹的扩展和延伸。

通过以上分析可知，聚能爆破模式下沿爆破孔径方向可形成不同的破坏分区。与常规爆破方式对比，聚能爆破作用下爆破粉碎区范围更小，聚能方向的裂隙发育区和扩展区范围更大，从而有效保护巷道顶板少受损坏的同时增强切缝效果。聚能爆破和非聚能爆破模式下顶板岩体裂隙发育示意如图2-6所示。

2.2.2 双向聚能张拉成型爆破力学模型

聚能张拉爆破的实质是通过使用聚能装置控制爆生产物作用方向，使之在非设定方向上产生均衡压力，在设定方向上产生拉张作用力，实现孔间拉张成缝。为表征爆破聚能效果，建立双孔爆破力学模型，如图2-7所示。

单孔爆破后，孔围会产生损伤裂缝区，欲使顶板岩体"切得开"且"垮得好"，两相邻孔间损伤区域应有重合。聚能孔围岩损伤范围受到岩体性质、聚能流强度、爆破模式等多种因素影响。假设聚能作用流速均匀，相邻爆破孔间距为r_b，中心距为d，由于预裂爆破采用不耦合系数较小的柱状药包，根据凝聚炸药的C-J理论，由动量守恒定理可以导出爆轰波波阵面上的平均压力，可表示为[85]：

$$P_w = \frac{\rho_0 D^2}{2(k+1)} \qquad (2\text{-}13)$$

式中，ρ_0 为炸药密度；D 为爆速；k 为等熵指数（$k=1.9+0.6\rho_0$，一般取 2）。

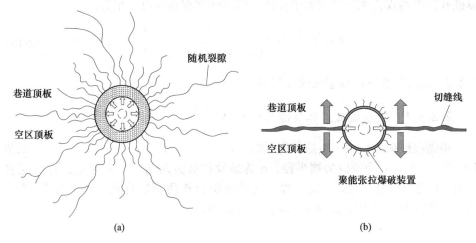

图 2-6　两种爆破模式下顶板岩体裂隙发育趋势

（a）非聚能爆破；（b）聚能爆破

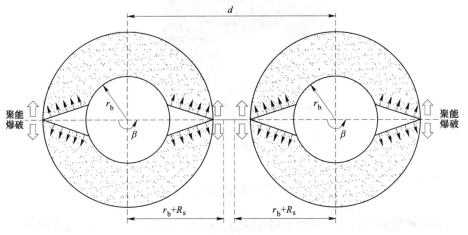

图 2-7　联孔聚能爆破力学模型

考虑到聚能装置的聚能增压作用，爆轰产物的峰值压力可表示为：

$$P_b = \varpi P_j \left(\frac{P_w}{P_j} \right)^{\gamma/k} \left(\frac{V_c}{V} \right)^{\gamma} \qquad (2\text{-}14)$$

根据爆炸应力波衰减规律，爆炸应力损伤范围 R_s 计算公式[86]为：

$$R_s = r_b \left[\frac{\lambda P_b}{(1-D_0)\sigma_t + \sigma_o} \right]^{\frac{1}{\alpha}} \qquad (2\text{-}15)$$

式中，λ 为侧压系数；D_0 为岩体初始损伤；σ_t 为顶板岩体的抗拉强度；σ_0 为原岩应力；α 为岩体中爆炸应力波的衰减指数，与顶板岩性和爆破方式有关。

若要达到良好的切缝效果，两孔的损伤裂隙应贯通，其判据条件为两个聚能爆破孔产生的损伤深度之和大于孔距，爆破的判据条件可导出为：

$$d \leqslant 2r_b \left[1 + \left(\frac{\lambda P_b}{(1-D_0)\sigma_t + \sigma_0} \right)^{\frac{1}{\alpha}} \right] \tag{2-16}$$

2.2.3　双向聚能张拉成型爆破致裂机理

2.2.3.1　聚能爆破岩体裂隙力学模型

根据爆破荷载作用下裂隙扩展过程，建立聚能爆破裂隙扩展力学模型，如图 2-8 所示。假设 a 为裂纹尖端半径，α 为裂纹扩展方向与主应力夹角，q_0 为竖直应力，β 为切缝角，在爆轰波、爆生气体等综合作用下的有效作用力为 P，k 为两个作用方向上应力比，$k = \lambda / (\sin\beta + \lambda\cos\beta)$。

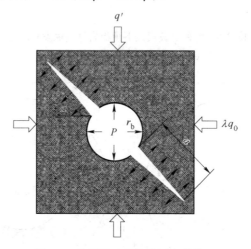

图 2-8　聚能爆破裂纹扩展力学模型

在这种受力状态下，裂纹受到地应力和爆轰力共同作用。运用边界配置法可得出由地应力场引起的尖端 I 型断裂强度因子[87]：

$$K_{I-p_0} = p_0'\sqrt{\pi a}(1-\lambda')\left\{ 0.5\left(3 - \frac{a}{r_b+a}\right) \cdot \left[1 + 1.243\left(1 - \frac{a}{r_b+a}\right)^3 \right] \right\} +$$

$$\lambda'\left\{ 1 + \left(1 - \frac{a}{r_b+a}\right)\left[0.5 + 0.743\left(1 - \frac{a}{r_b+a}\right)^2 \right] \right\}$$

$$\tag{2-17}$$

式中，p_0' 和 λ' 分别为远场等效荷载和侧压系数：

$$p'_0 = q'[1 + k + (1 - k)\cos2\alpha]/2 \tag{2-18}$$

$$\lambda' = \frac{(1 + k) - (1 - k)\cos2\alpha}{(1 + k) + (1 - k)\cos2\alpha} \tag{2-19}$$

由爆轰产物压力引发的裂纹尖端 I 型断裂强度因子为：

$$K_{I-P} = P\sqrt{\pi a}(1 - \eta)\left(1 - \frac{a}{r_b + a}\right)\left[0.637 + 0.485\left(1 - \frac{a}{r_b + a}\right)^2 + 0.4\left(\frac{a}{r_b + a}\right)^2\left(1 - \frac{a}{r_b + a}\right)\right] +$$

$$\eta \cdot \left\{1 + \left(1 - \frac{a}{r_b + a}\right)\left[0.5 + 0.743\left(1 - \frac{a}{r_b + a}\right)^2\right]\right\} \tag{2-20}$$

式中，η 为压力系数。

则根据断裂力学可知，由爆轰气体压力引发的 I 型裂纹尖端总强度因子为：

$$K_I = K_{I-p_0} + K_{I-P} \tag{2-21}$$

此外，远场应力还在裂纹尖端产生 II 型断裂强度因子，可采用映射函数法获得，可表示为：

$$K_{II} = \tau\sqrt{\pi a}\left[0.0089 + 5.3936\frac{a}{r_b + a} - 7.5216\left(\frac{a}{r_b + a}\right)^2 + 3.127\left(\frac{a}{r_b + a}\right)^3\right] \tag{2-22}$$

式中，$\tau = [q'(1 - k)\sin2\alpha]/2$。

根据断裂力学，可得出聚能爆破模式下倾角为 θ，半径为 r 处的尖端裂缝位置应力场，在聚能流作用下形成初始裂隙场，如图 2-9 所示。

$$\begin{cases} \sigma_r = \frac{1}{2\sqrt{2\pi r}}\left[K_I\cos\frac{\theta}{2}(3 - \cos\theta) + K_{II}\sin\frac{\theta}{2}(3\cos\theta - 1)\right] \\ \sigma_\theta = \frac{1}{2\sqrt{2\pi r}}\cos\frac{\theta}{2}[K_I(1 + \cos\theta) - 3K_{II}\sin\theta] \\ \tau_{r\theta} = \frac{1}{2\sqrt{2\pi r}}\cos\frac{\theta}{2}[K_I\sin\theta + K_{II}(3\cos\theta - 1)] \end{cases} \tag{2-23}$$

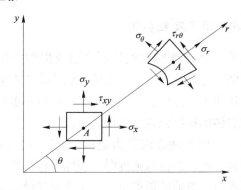

图 2-9 裂缝尖端应力场

2.2.3.2　爆炸冲击波作用下致裂参数

爆轰冲击波作用阶段，顶板裂隙的扩展与径向、轴向应力及应力波的衰减规律密切相关。由于聚能爆破采用不耦合装药模式，强力冲击波作用下顶板岩体产生压碎现象。随着应力波传播距离加大，应力大小逐渐衰减，径向应力峰值与冲击作用阶段冲击波应力峰值关系为[88]：

$$(\sigma_r)_{m1} = P_1 / \bar{r}^{\alpha} \tag{2-24}$$

式中，$\bar{r}$ 为岩体质点单元距爆破孔中心的距离与孔半径的比值，$\bar{r} = r/r_b$；α 为衰减指数，与顶板岩体力学参数有关。

当顶板岩体的动态抗压强度小于爆破冲击波的径向应力峰值时，岩体发生压碎破坏，形成破碎区。采用聚能装置后，聚能方向上应力更为集中。设顶板岩体的动态抗压强度为 τ_c，考虑到聚能影响，引入聚能影响系数 ξ，则岩体破坏发生的临界条件为：

$$\xi(\sigma_r)_{m1} = \tau_c \tag{2-25}$$

联合式（2-24）和式（2-25），可推导出冲击波作用阶段，聚能方向上破碎区范围为：

$$R_j = (P_1 \xi / \tau_c)^{1/\alpha} r_b \tag{2-26}$$

非聚能方向上可假设其不受聚能作用影响，采用常规爆破理论求解，令：

$$(\sigma_r)_{m1} = \tau_c \tag{2-27}$$

联合式（2-24）和式（2-27），可导出非聚能方向上破碎区半径为：

$$R_f = (P_1 / \tau_c)^{1/\alpha} r_b \tag{2-28}$$

整理后可得出冲击波作用阶段，采用聚能张拉爆破技术后顶板岩体粉碎区范围为：

$$(\xi P_1 / \tau_c)^{\frac{1}{2 + \mu/(1+\mu)}} r_b \leqslant R_1 \leqslant (P_1 / \tau_c)^{\frac{1}{2 + \mu/(1+\mu)}} r_b \tag{2-29}$$

2.2.3.3　应力波作用下致裂参数

（1）裂隙扩展方向。冲击波在穿过岩石介质及损伤空隙过程中，单位体积上的能量密度逐渐减弱，冲击波演变为应力波，继续作用在岩体上。由于应力波强度降低，达不到岩体压破坏准则，不能引起岩体的粉碎破坏。但由于波的反射作用，波强度可达到岩体的抗拉强度，因此此阶段主要发生拉张破坏。

普通爆破模式下，裂隙扩展方向较为随机，更易沿着最大环向应力方向开裂。当环形应力大于岩体的动态抗拉强度时，裂隙失稳扩展；当最大环形应力小于岩体的动态抗拉强度时，裂隙扩展停止。非聚能爆破模式下，裂纹扩展方向与断裂强度因子有关，为确定其方向，σ_θ 需满足以下条件：

$$\begin{cases} \partial \sigma_\theta / \partial \theta = 0 \\ \partial^2 \sigma_\theta / \partial \theta^2 < 0 \end{cases} \tag{2-30}$$

根据式（2-30）可得出裂隙扩展方位角 θ_0 满足：

$$\cos \frac{\theta_0}{2} \left[K_{\mathrm{I}} \sin\theta_0 + K_{\mathrm{II}} (3\cos\theta_0 - 1) \right] = 0 \tag{2-31}$$

对式（2-31）分析可知，倘若 $\cos \dfrac{\theta_0}{2} = 0$，可得 $\theta_0 = \pm\pi$，没有实际意义，因此只能：

$$K_{\mathrm{I}} \sin\theta_0 + K_{\mathrm{II}} (3\cos\theta_0 - 1) = 0 \tag{2-32}$$

此时，$\theta_0 \neq 0$，说明裂隙扩展方向在非聚能及聚能模式下不同，从而形成裂隙分支。

在聚能爆破模式下，爆破起始阶段主要为聚能流的侵彻作用，在此作用下形成了定向裂缝，应力波主要在该定向裂隙的引导作用下继续扩展原有裂隙，因此聚能效果理想的情况下裂隙扩展方向即为聚能方向。

（2）裂隙扩展长度。应力波作用阶段，岩体单元环向方向拉应力峰值可表示为：

$$(\sigma_\theta)_{\mathrm{m2}} = b P_2 / \bar{r}^\alpha \tag{2-33}$$

式中，b 为比例系数；P_2 为应力波作用阶段压力峰值。

另 $(\sigma_\theta)_{\mathrm{m2}} = \tau_{\mathrm{t}}$，可得：

$$r = (b P_2 / \tau_{\mathrm{t}})^{1/\alpha} a \tag{2-34}$$

由于冲击波作用阶段已对岩体造成一部分损伤，同时考虑到岩体本身的缺陷，引入损伤因子 D_0，得到非聚能模式下裂隙发育范围：

$$r = \frac{(b P_2 / \tau_{\mathrm{t}})^{1/\alpha}}{1 - D_0} a \tag{2-35}$$

在聚能方向上，由于冲击波的侵彻作用，粉碎区范围更大，从而透过粉碎区消耗的能量减少，聚能方向作用能量增多，裂隙扩展范围增大。引入聚能系数 ξ_2，可得聚能作用下裂纹扩展长度：

$$r = \frac{(b P_2 \xi_2 / \tau_{\mathrm{t}})^{1/\alpha}}{1 - D_0} a \tag{2-36}$$

由此，可得出采用聚能装置爆破后裂隙发育区半径满足：

$$\frac{(b P_2 / \tau_{\mathrm{t}})^{\frac{1+\mu}{2+3\mu}}}{1 - D_0} a < R_2 < \frac{(b P_2 \xi_2 / \tau_{\mathrm{t}})^{\frac{1+\mu}{2+3\mu}}}{1 - D_0} a \tag{2-37}$$

2.2.3.4　爆生气体作用下致裂参数

（1）裂隙扩展方向。随着冲击波和应力波作用减弱，后期裂隙扩展主要靠爆生气体准静态压力作用，该部分裂纹扩展长度最小。爆生气体作用下，裂纹扩展方向研究时可将其视为Ⅰ型裂隙进行分析。根据断裂力学理论，令：

$$\begin{cases} \partial\sigma_\theta / \partial\theta = 0 \\ \partial^2\sigma_\theta / \partial\theta^2 < 0 \\ K_\pi = 0 \end{cases} \tag{2-38}$$

根据上式，可得爆生气体作用下裂隙扩展方向角 $\theta_0 = 0$。由此可知，该阶段裂纹扩展方向主要是沿着原有裂隙方向扩展。爆生气体作用下的尖端应力强度因子为：

$$K_1 = P_3 F \sqrt{\pi(a + r_0)} + \sigma\sqrt{\pi r_0} \tag{2-39}$$

式中，F 为修正系数；P_3 为该阶段气体作用应力峰值；r_0 为裂纹扩展终止长度；σ 为爆生气体作用过程产生的环向应力。

根据断裂力学理论，当尖端应力强度因子大于岩体的断裂韧性时，裂纹扩展，由此得出聚能方向上裂隙的起裂条件：

$$P_3 > \frac{K_{IC} - \sigma\sqrt{\pi r_0}}{F\sqrt{\pi(a + r_0)}} \tag{2-40}$$

式中，K_{IC} 为聚能作用下尖端应力强度因子。

非聚能方向上，环形应力较小或者基本为 0，一定程度上增大了岩体裂纹起裂、扩展所需压力，因此聚能方向上优先发展，体现出聚能爆破和聚能装置的优势。

（2）裂隙扩展长度。假设爆生气体只生产稳态静压力场，不随时间变化，体积恒定，则可采用静力学方法分析。环向拉应力峰值可表示为：

$$(\sigma_\theta)_{m3} = P_3 a^2 / r^2 \tag{2-41}$$

考虑到裂纹扩展区域由冲击波和应力波引起的前期损伤 D_1，当环向拉应力峰值等于或大于静态抗拉强度时，裂纹扩展，由此得出静态爆生气体作用下裂纹扩展半径：

$$r = \frac{\sqrt{P_3 / \tau_{st}}}{1 - D_1}\alpha \tag{2-42}$$

式中，τ_{st} 为顶板岩体静态抗拉强度；P_3 为爆生气体作用阶段压力峰值。

聚能方向上引入聚能影响系数 ξ_3，可得出聚能爆破模式下爆生气体作用阶段裂纹扩展范围：

$$\frac{(2 + 3\mu)\sqrt{P_3 / \tau_{st}}}{(1 - D_1)(1 + \mu)} \leqslant R_3 \leqslant \frac{(2 + 3\mu)\sqrt{\xi_3 P_3 / \tau_{st}}}{(1 - D_1)(1 + \mu)} \tag{2-43}$$

值得注意的是，现场顶板岩体往往表现出非均质、各向异性，裂纹起裂或断裂行为往往发生在薄弱结构面、缺陷等处，当聚能效果远远大于原生缺陷作用效果时，聚能效果才会更明显。

2.3 预裂切顶沿空巷道控制力学机理

2.3.1 工作面倾向顶板结构受力及稳定分析

2.3.1.1 倾向顶板承压结构受力分析

以留煤柱开采为例，对沿空巷道围岩受力进行分析[89]。构建采场倾向关键块力学模型，分析关键块断裂及失稳规律是揭示采场倾向压力变化特征的关键。覆岩弧形三角关键块决定着巷道顶板的稳定性及采场倾向传力的作用，煤柱侧压力的大小主要与三角关键块的稳定性有关，所以建立倾向承压关键块的受力特征是分析采场倾向压力演化规律的关键。建立的倾向承压关键块力学模型如图2-10（a）所示，其 yz 剖面和 xy 剖面图如图2-10（b）（c）所示。

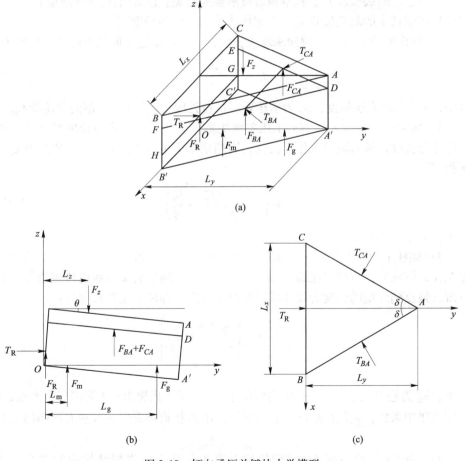

图 2-10　倾向承压关键块力学模型

（a）三维力学模型；（b）侧视图；（c）俯视图

倾向承压关键块主要受力情况如下：

（1）煤层开采后倾向承压关键块受到纵向断裂岩块 A、C 的推挤的合力 T_{CA} 和 T_{BA}，分别作用于 L_{FD} 与 L_{ED} 中点，其中 $L_{AD}=s/2$，s 为断裂岩块咬合接触长度；

（2）受自重及上覆荷载的等效合力 F_z，作用于三角形的重心；

（3）T_R 和 F_R 分别为关键块在煤柱侧断裂位置的水平挤压等效合力和剪切等效合力，作用于 L_{HG} 中点，其中 $L_{HB'}=s/2$；

（4）F_m 为煤帮对关键块的竖向支撑力的等效合力，其作用点位于断裂线至煤壁距离 y_0 的 $1/2$；

（5）F_g 为矸石对关键块的竖向支撑力的等效合力，其作用点距线段 HG 距离为 y_g。

关于倾向承压结构的分析如下：

（1）倾向承压结构关键参数分析。断裂岩块主要的几何参数：沿工作面推进方向的纵向断裂长度 L_x、基本顶岩层沿倾向断裂长度 L_y 和块体的厚度 h，以及关键块在煤柱中的断裂位置 y_0，关键块体的咬合接触长度 s。

1）纵向断裂长度 L_x。倾向承压关键块沿工作面推进方向的纵向断裂长度为：

$$L_x = h\sqrt{\frac{\sigma_t}{3q}} \tag{2-44}$$

式中，h 为承压岩层厚度；σ_t 为承压岩层抗拉强度；q 为承压岩层的单位荷载。

2）倾向断裂长度 L_x。倾向承压关键块垂直于工作面推进方向的倾向断裂长度即悬臂长度，该参数与工作面长度和周期来压步距有关，可通过屈服线分析法求得[90]：

$$L_y = L_x\left(\sqrt{\frac{3S^2 + L_x^2}{2S^2}} - \frac{L_x}{S}\right) \tag{2-45}$$

式中，S 为工作面长度。

3）煤柱中的断裂位置 y_0。根据已有的研究可知，倾向关键块的断裂位置一般在深入煤柱内，该位置在煤柱弹塑性区交界处，断裂后关键块以该点为轴旋转下沉，该点到煤壁的长度为煤体极限平衡区范围，即断裂位置长度为：

$$y_0 = \frac{h_R A}{2\tan\varphi}\ln\left(\frac{k\gamma H + \dfrac{c}{\tan\varphi}}{\dfrac{c}{\tan\varphi} + \dfrac{p}{A}}\right) \tag{2-46}$$

式中，h_R 为巷道高度；φ 为煤体内摩擦角；c 为煤体内聚力；A 为侧压力系数；k 为应力集中系数；γ 为上覆岩层平均容重；H 为巷道埋深；p 为巷道帮部的支护阻力。

4）关键块体的厚度 h。关键块的厚度为采场上覆岩层结构中的首个关键层（基本顶）岩层的厚度。

5) 关键块体的咬合接触长度 s。断裂岩块咬合长度与转角、岩层厚度、断裂长度有关，可求得：

$$s = \frac{1}{2}(h - L_y \sin\theta) \tag{2-47}$$

（2）倾向承压结构受力分析。

1) 上覆等效荷载 F_z。倾向承压结构上覆荷载主要与其可控岩层厚度 H_k 有关系，假设承压结构所受均布荷载，则上覆等效荷载可表示为：

$$F_z = \frac{1}{2}\gamma H_k L_x L_y \tag{2-48}$$

式中，H_k 为倾向承压结构可控岩层厚度。

等效荷载作用点到线段 BC 的垂直距离为三角形重心到底边的距离：

$$L_{F_z} = \frac{1}{3}L_y \tag{2-49}$$

2) 煤帮支撑力等效荷载 F_m。煤帮根据煤层应力极限平衡原理可求得该区域内应力方程如下[91]：

$$\sigma_y = \left(\frac{c}{\tan\varphi} + \frac{p}{A}\right) e^{\frac{2\tan\varphi}{h_R A}(y_0 - y)} - \frac{c}{\tan\varphi} \tag{2-50}$$

则煤帮支撑力等效荷载 F_m 为：

$$F_m = 2\int_0^{y_0} \sigma_y (L_y - y) \tan\delta \mathrm{d}y \tag{2-51}$$

式中，δ 为三角块顶角 A 的角度的一半。

$$\delta = \arctan\frac{2L_y}{L_x} \tag{2-52}$$

3) 矸石支撑力等效荷载 F_g。矸石的支撑力与矸石压缩量和支撑系数有关，根据力学模型几何关系并考虑岩石碎胀的影响，可求得矸石的压缩变形关系式为：

$$\Delta S = y\sin\theta - \left[m - (K_P - 1)\sum h_i\right] \tag{2-53}$$

式中，m 为煤层厚度；K_P 为矸石压实碎胀系数；$\sum h_i$ 为等效直接顶高度。

单位面积矸石提供的支撑力为：

$$f_g = K_g \Delta S \tag{2-54}$$

式中，K_g 为矸石单位支撑力系数。

则矸石支撑力等效荷载 F_g 可表示为：

$$F_g = 2\int_{a_0}^{L_y\cos\theta} f_g (L_y - y) \tan\delta \mathrm{d}y \tag{2-55}$$

其中：

$$a_0 = \frac{m - (K_P - 1)\sum h_i}{\tan\theta} \tag{2-56}$$

4）岩块间水平挤压力及竖直剪切力。将三角关键块作为系统，该系统端部有煤体的支撑，岩块间无相对位移，则假设 $F_R = 0$，而系统的未知力学参数有 T_R，T_{CA}，T_{BA}，F_{CA}，F_{BA}，可由 x、y、z 方向力平衡及系统对中位线和轴 HG 力矩平衡求得，系统静力学平衡条件：

$$\begin{cases} \sum F_x = 0: T_R - (T_{BA}\sin\delta + T_{CA}\sin\delta) = 0 \\ \sum F_y = 0: F_m + F_g + F_{CA} + F_{BA} - F_z = 0 \\ \sum F_z = 0: T_{BA}\cos\delta - T_{CA}\cos\delta = 0 \\ \sum M_{HG} = 0: M_m + M_g + M_{T_{BA}} + M_{T_{CA}} + M_{F_{BA}} + M_{F_{CA}} - M_z = 0 \end{cases} \tag{2-57}$$

上覆等效荷载 F_z 对轴 HG 的力矩为：

$$M_z = \frac{1}{3}F_z L_y \tag{2-58}$$

解得：

$$M_z = \frac{1}{6}\gamma H_k L_x L_y^2 \tag{2-59}$$

煤帮支撑力等效荷载 F_m 对轴 HG 的力矩为：

$$M_m = 2\int_0^{y_0} [\sigma_y(L_y - y)\tan\delta] y\mathrm{d}y \tag{2-60}$$

解得：

$$M_m = \frac{5}{3}\sigma_y \tan\delta(3y_0^2 L_y - 2y_0^3) \tag{2-61}$$

矸石支撑力对轴 HG 的力矩为：

$$M_g = 2\int_{a_0}^{L_y\cos\theta} [f_g(L_y - y)\tan\delta] y\mathrm{d}y \tag{2-62}$$

解得：

$$M_g = \frac{1}{3}f_g\tan\delta[L_y^3(3\cos^2\theta - 2\cos^3\theta) - a_0^2(3L_y + 2)] \tag{2-63}$$

岩块间水平挤压力和竖向剪力对轴 HG 的力矩分别为：

$$M_{F_{CA}} = \frac{1}{2}F_{CA}L_y\cos\theta \tag{2-64}$$

$$M_{F_{BA}} = \frac{1}{2}F_{BA}L_y\cos\theta \tag{2-65}$$

$$M_{T_{CA}} = T_{CA}(h - 2s) \tag{2-66}$$

$$M_{T_{BA}} = T_{BA}(h - 2s) \tag{2-67}$$

联立式（2-57）~式（2-67）可求得：

$$\begin{cases} F_{BA} = F_{CA} = \dfrac{1}{12}\gamma H_k L_x L_y - \sigma_y \tan\delta(2y_0 L_y - y_0^2) + \\ \qquad\qquad f_g \tan\delta[L_y^2(\cos^2\theta - 2\cos\theta) - 2a_0 L_y + a_0^2] \\ T_{BA} = T_{CA} = \dfrac{M_z - M_g - M_m - F_{BA} L_y \cos\theta}{2(h - 2s)} \end{cases} \tag{2-68}$$

2.3.1.2 倾向承压结构稳定性分析

传统的岩梁结构的"S-R"稳定性理论[92]，将关键块失稳形式分为滑落失稳和回转变形失稳。但是"S-R"稳定性理论是基于采场走向的纵向关键块失稳分析建立的，纵向关键块失稳时在端部没有煤体的支撑，而倾向承压关键块端部有煤体的支撑，所以在端部不可能发生滑落失稳，仅会发生以端部为轴的回转变形失稳，其稳定性取决于 4 种情况，分别为摩擦-挤压力双控制的虚稳状态、摩擦力控制的虚稳状态、挤压力控制的虚稳状态和失稳状态：

（1）摩擦-挤压力双控制的虚稳状态分析。若煤层采高过大时且直接顶较薄时，跨落矸石碎胀后无法充满采空区，所以无法提供断裂关键块足够的支撑力，则断裂岩块会发生回转变形，与相邻关键块咬合。当关键块间的摩擦力小于块间剪力，挤压力小于岩块强度，在块间摩擦力和挤压力共同控制作用下断裂的关键岩块会达到一种暂稳状态，在无其他外力干扰情况下保存稳定。但该状态下的顶板再次受到外力影响（例如上部关键层突然断裂传递的荷载），致使关键块间咬合力发生变化，暂稳定态可能被打破，再次运动下沉发生失稳。

摩擦-挤压力双控制的虚稳状态满足的力学条件：

$$\begin{cases} T_{BA}\tan\varphi \geqslant F_{BA} \\ T_{BA} \leqslant 2s\eta[\sigma_c] \end{cases} \tag{2-69}$$

式中，$\tan\varphi$ 为关键块的摩擦因数，实验测定一般为 0.5；η 为岩块间接触系数；$[\sigma_c]$ 为断裂岩块的抗压强度。

假设倾向承压关键块的横、纵向断裂长度近似相等，设定为 L，联立式（2-68）、式（2-69），将上述判定准则化简为仅含转角和断裂长度为变量的判断式如下：

$$\begin{cases} A_1 L\cos^3\theta + B_1 L\cos^2\theta + C_1 L + D_1 \geqslant 0 \\ A_2 L\cos^3\theta + B_2 L\cos^2\theta + C_2 L + D_2 \leqslant 0 \end{cases} \tag{2-70}$$

$$\begin{cases} A_1 = -\dfrac{1}{6}\gamma H_k \\[2mm] B_1 = \dfrac{1}{3}f_g a_0 \tan\delta - \dfrac{1}{6}\sigma_y y_0 \tan\delta \\[2mm] C_1 = 2(h - 2s)\tan\varphi \\[2mm] D_1 = f_g \tan\delta a_0^2 - 5\sigma_y \tan\delta y_0^2 \\[2mm] A_2 = \dfrac{1}{12}\gamma H_k \\[2mm] B_2 = -f_g \tan\delta \\[2mm] C_2 = 2\tan\delta (f_g a_0 - \sigma_y y_0) \\[2mm] D_2 = \sigma_y \tan\delta y_0^2 - f_g \tan\delta a_0^2 - 2s\eta[\sigma_c] \end{cases} \tag{2-71}$$

式中，A_1、B_1、C_1、D_1、A_2、B_2、C_2、D_2 为表述方便定义的组合方程式。

（2）摩擦力控制的虚稳状态分析。若煤层采高过大时且直接顶较薄时，跨落矸石碎胀后无法充满采空区，所以无法提供断裂关键块足够的支撑力，则断裂岩块将继续产生回转。随着回转角度增大，岩块间的咬合程度逐渐增大，此时，不管关键块是否触矸，矸石均难以提供较高的支撑力，则关键块在岩块咬合力、煤体的支撑力及矸石的虚撑力共同作用下，断裂岩块进入虚稳状态。假如关键块岩性较硬，在回转挤压过程中下咬合处不会压坏，在这种状态下断裂岩块间的摩擦力起到主控作用，垮落矸石支撑力本身并不足以支撑断裂岩块形成力学平衡。因此，虽然该状态下关键快暂时处于稳定状态，当再次受到外界动压扰动影响时（例如上部关键层突然断裂传递的荷载），岩块间的相互作用可能遭到破坏，岩块会发生突发性下沉失稳。关键块的突然下沉不仅使得矸石压缩，而且端部煤体也将进一步压缩，使得煤柱侧应力集中进一步增大。

摩擦力控制的虚稳状态下的关键块失稳的力学条件：

$$\begin{cases} T_{BA}\tan\varphi \leqslant F_{BA} \\[1mm] T_{BA} \leqslant 2s\eta[\sigma_c] \end{cases} \tag{2-72}$$

同理，可建立关键块断裂长度和转角之间的判别式：

$$\begin{cases} A_1 L\cos^3\theta + B_1 L\cos^2\theta + C_1 L + D_1 \leqslant 0 \\[1mm] A_2 L\cos^3\theta + B_2 L\cos^2\theta + C_2 L + D_2 \leqslant 0 \end{cases} \tag{2-73}$$

（3）挤压力控制的虚稳状态分析。若煤层采高过大时且直接顶较薄时，垮落矸石碎胀后无法充满采空区，所以无法提供断裂关键块足够的支撑力，且关键块间摩擦力大于块间剪力，则断裂岩块将继续产生回转。随着关键块的回转，咬合挤压力也不断增大，此过程是个渐变的虚稳定过程，但是当上覆荷载突然加大时（例如上部关键层突然断裂传递的荷载），岩块间咬合的挤压力会突然增大，断裂岩块间的咬合挤压载荷大于岩体抗压强度，导致咬合端发生破坏而下沉失稳。

挤压力控制的虚稳状态下的关键块失稳的力学条件：

$$\begin{cases} T_{BA}\tan\varphi \leqslant F_{BA} \\ T_{BA} \geqslant 2s\eta[\sigma_c] \end{cases} \tag{2-74}$$

同理，可建立关键块断裂长度和转角之间的判别式：

$$\begin{cases} A_1L\cos^3\theta + B_1L\cos^2\theta + C_1L + D_1 \leqslant 0 \\ A_2L\cos^3\theta + B_2L\cos^2\theta + C_2L + D_2 \geqslant 0 \end{cases} \tag{2-75}$$

（4）失稳状态分析。若煤层采高过大时且直接顶较薄时，跨落矸石碎胀后无法充满采空区，所以无法提供断裂关键块足够的支撑力，同时，关键块间摩擦力小于块间剪力，咬合挤压载荷大于岩体抗压强度，这种状态下会导致岩块直接下沉失稳。

失稳下的关键块失稳的力学条件：

$$\begin{cases} T_{BA}\tan\varphi \leqslant F_{BA} \\ T_{BA} \geqslant 2s\eta[\sigma_c] \end{cases} \tag{2-76}$$

同理，可建立关键块断裂长度和转角之间的判别式：

$$\begin{cases} A_1L\cos^3\theta + B_1L\cos^2\theta + C_1L + D_1 \leqslant 0 \\ A_2L\cos^3\theta + B_2L\cos^2\theta + C_2L + D_2 \geqslant 0 \end{cases} \tag{2-77}$$

以曹家滩矿井地质特征和工作面实际条件为例，取 $H=350\text{m}$，$H_k=35.8\text{m}$，$s=280\text{m}$，$L=24\text{m}$，$m=10.3$，$A=0.6$，$h=20.4\text{m}$，$h_R=5\text{m}$，$\varphi=33°$，$c=0.85\text{MPa}$，$k=2$，$K_g=2\sim5\text{MPa/m}$，$\eta=0.3$，$p=0.048\text{MPa}$，$[\sigma_c]=55.5\text{MPa}$，$\gamma=25\text{kN/m}^3$，$\delta=26.5°$，$K_P=1.38$，代入稳定性判别条件，可得到不同状态下的回转角度和断裂长度之间的曲线，其中挤压力控制曲线和摩擦力控制虚线将区域分为4部分，分别为暂稳状态区、摩擦力控制的虚稳状态区、挤压力控制的虚稳状态区、失稳状态区，具体如图2-11所示。

由图2-11可知，倾向关键块断裂长度越长，则关键块达到稳定所回转的角度越小，反之，倾向关键块断裂长度越小，则关键块达到稳定所回转的角度越大。图2-11（a）灰色区域为摩擦-挤压力双重控制的虚稳状态，当关键块在该区域时，岩块间摩擦力大于其间剪力，并且挤压力小于岩石挤压破碎强度；图2-11（b）灰色区域为摩擦力控制虚稳状态区，当关键块在该区域时，岩块间摩擦力大于其间剪力，挤压力小于岩石挤压破碎强度；图2-11（c）灰色区域为挤压力控制虚稳状态区，当关键块在该区域时，岩块间摩擦力大于其间剪力，挤压力大于岩石挤压破碎强度；图2-11（d）灰色区域为失稳状态区，当关键块在该区域时，岩块间摩擦力小于其间剪力，挤压力大于岩石挤压破碎强度。

由于摩擦力控制曲线与挤压力控制曲线的交点为（60，9）和（46，5），则在分界点处是关键块状态的分解点。若上覆荷载突然增大，且下方矸石支撑力不

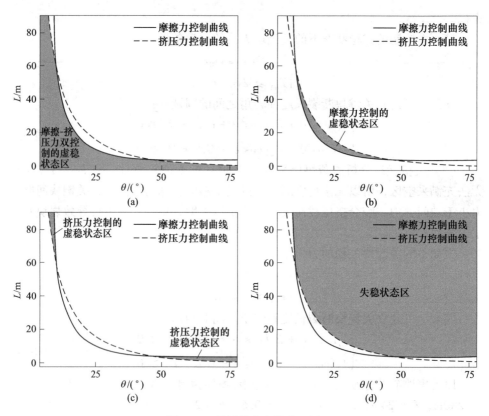

图 2-11   关键块稳定性分区图

（a）摩擦-挤压力双控制的虚稳状态；（b）摩擦力控制虚稳状态；

（c）挤压力控制的虚稳状态；（d）失稳状态

足时，其状态可能发生变化。当岩块断裂长度大于 60m 或小于 5m 时，其状态随着转角的增大，其状态可能由摩擦-挤压力双重控制的虚稳状态区过渡至挤压力控制的虚稳定状态，甚至是失稳状态区；当岩块断裂长度大于 5m 小于 60m 时，若上覆荷载突然增大，其状态可能由摩擦-挤压力双重控制的虚稳状态区过渡至挤压力控制的虚稳定状态区，甚至是失稳状态区。由此可知，若无矸石充实度不足，则倾向关键块的下沉失稳是必然的，而下沉失稳的过程分为虚稳至失稳的过度渐进式和直接失稳的突进式两种，渐进式失稳产起的动压效应较小，而突进式失稳产生的动压效应较大，所以两种下沉形式均会导致煤柱应力集中的增大，围岩应力的升高是巷道变形的主要原因。

　　为了防止倾向关键块的失稳引起较大的动压，则保证垮落矸石的充填度是解决的关键。有一种理想的地质情况：当采场煤层较薄、直接顶厚度较厚且较为破碎，垮落较为及时，垮落的矸石碎胀后的体积能较为充分的充满采空区，断裂的关键块顶板运动初期，在较小角度的回转变形下得以触矸，岩块间作用力较小，若垮落矸石在该阶段提供的支撑力和端部煤体的支撑力二者足以保证断裂关键块配成平衡结构，且在该状态下的顶板即使再次受到外力影响（例如上部关键层突然断裂传递的荷载），断裂的关键岩块不会产生突发性下沉。但这种理想的实稳定性状态在自然情况下难以形成，所以可通过人为干预的方式运用聚能爆破切断覆岩岩层，使得其及时垮落碎胀充满采空区支撑住上覆岩层，进而减小岩层垮落动压的产生。

2.3.2 工作面走向承压结构破断失稳分析

2.3.2.1 走向承压结构受力失稳类型

高强度开采对上覆岩层的扰动作用强，导致垮落带高度升高、铰接结构岩层位置向上移动[93]。将煤层至首个关键层之间的岩层定义为等效直接顶，等效直接顶垮落碎胀后对上覆铰接岩层的结构的形态及运移特征起决定性作用。

当等效直接顶厚度较厚时，其垮落碎胀后对采空区充填较为充分，基本顶断裂后关键快端导致垮落带高度较高，所以将部有碎胀矸石的支承，从而基本顶断裂块铰接形成砌体梁结构。由于等效基本顶较厚，该承压结构称为"高位砌体梁"。当煤层埋深较浅，上覆岩层只有单一厚硬岩层时，仅出现一层"高位砌体梁"结构。

当等效直接顶厚度较薄时，其垮落碎胀后对采空区充填欠充分，未对基本顶起到支撑作用，导致基本顶在工作面形成短悬臂梁，随着开采的推进，悬臂梁断裂，但其关键块末端难触矸，随着关键块转动后与已断裂的铰接块咬合形成"台阶岩梁"。当煤层埋深较浅上覆岩层只有单一厚硬岩层时，仅出现一层的"台阶岩梁"结构，如图 2-12 所示。

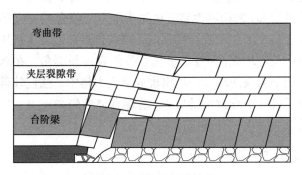

图 2-12 覆岩砌体梁结构

由于曹家滩煤矿直接顶厚度较薄，难以对采空区进行充分的充填，且基本顶硬度、厚度较大，以至于在采空区形成悬臂梁状态，随着悬臂距离增长而断裂形成关键块，关键块转动后与之前已经滑落的关键块铰接形成台阶岩梁，为此建立低位台阶岩梁运移的结构模型，如图 2-13 所示。

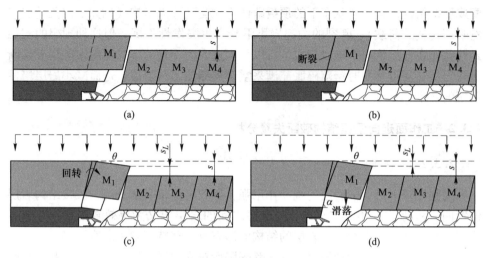

图 2-13　低位台阶岩梁运移的结构模型

(a) 悬臂梁状态；(b) 悬臂梁断裂；(c) 关键块转动；(d) 关键块失稳

根据顶板结构的 "S-R" 稳定性理论可知，台阶梁结构更容易发生滑落失稳。为分析关键块滑落失稳机理，构建其临界失稳状态受力特征是关键，以往的研究中仅分析了摩擦力控制的滑落失稳状态和水平挤压力控制的回转失稳状态，其实关键块达到临界失稳时有三种可能的受力状态：

第一种状态：失稳前关键块 M_1 前铰点与未断裂的岩层靠摩擦力的支撑状态，当摩擦力不足时，关键块 M_1 发生滑落失稳；

第二种状态：当岩块间摩擦力大于块间剪力，则不会发生摩擦-滑落失稳。在这种状态下关键块 M_1 的稳定性靠岩块间挤压力与咬合端 A 点的强度之间的关系来决定，若咬合挤压力大于咬合端强度，则咬合点破裂发生挤压—回转失稳；

第三种状态：关键块 M_1 前铰点搭接在等效直接顶端角，在水平挤压力和竖直支撑力共同作用下岩块两端角挤压出现局部应力集中，强度较低的岩块端角部位进入塑性以至于破碎，导致关键块 M_1 前端点突然失去支撑，发生回转并释放水平挤压力，关键块发生 "压碎-切落" 失稳。

2.3.2.2　走向承压结构失稳力学分析

A　摩擦-滑落失稳力学分析

(1) 力学模型构建。随着采煤工作面的推进，上覆直接顶继续垮落，若直接顶垮落较为及时，使得关键块 M_1 无直接顶的支撑力作用，仅受块间咬合力和上覆荷载的作用，建立关键块的台阶岩梁力学模型，如图 2-14 所示。M_1 关键块前铰点与前方基本顶铰接于 A 点，M_1 块体转动后与 M_2 块体铰接于 B 点。

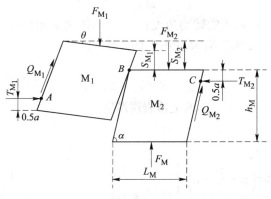

图 2-14 台阶岩梁力学模型

图 2-14 中，A，B，C 为关键块铰接点；S_{M_1} 为岩块台阶高度；S_{M_2} 为关键块最大下沉量；θ 为 M_1 岩块的转动角度；α 为岩层破断角度；a 为接触面高度；h_M 为台阶梁岩层的厚度；L_M 为关键块的长度；F_{M_1}、F_{M_2} 为关键块承受的上部荷载及其自重；F_M 为关键块 M_2 受到的下部支撑力；T_{M_1}、T_{M_2} 为关键块承受的水平推挤力；Q_{M_1}、Q_{M_2} 为 A，C 铰接点处的剪力；由于关键块 M_2 基本处于压实状态，所以 $F_M \approx F_{M_2}$，$Q_{M_2} \approx 0$。

根据结构变形几何关系，可求得关键块的最大下沉量为：

$$S_{M_2} = m - (K_P - 1) \sum h_i = S_{M_1} + L_M \sin\theta \tag{2-78}$$

进而求得岩块台阶高度为：

$$S_{M_1} = m - (K_P - 1) \sum h_i - L_M \sin\theta \tag{2-79}$$

式中，m 为煤层厚度；K_P 为矸石压实碎胀系数；$\sum h_i$ 为等效直接顶高度。

接触面高度 a 为：

$$a = h_M - L_M \sin\theta \tag{2-80}$$

（2）力学参数求解。

1）关键块承受的上部荷载及其自重荷载 F_{M_1}。F_{M_1} 由两部分组成，一为关键块 M_1 控制的台阶岩梁与高位砌体梁之间岩层荷载及关键块 M_1 自重之和，二为高位砌体梁传来的力 R_2，则 F_{M_1} 可表示为：

$$F_{M_1} = K_G (h_M + h_1) \gamma L_M + R_2 \tag{2-81}$$

式中，K_G 为荷载传递系数（$K_G \leqslant 1$）；γ 为基岩平均容重；h_1 为低位关键层控制夹层裂隙带的厚度。

若低位关键层破断后，高位关键层仍未破断，则高位关键层还有承载力，此时 R_2 等于 0；若高位关键层早于或等于低位关键层破断时，根据砌体梁传力原理，此时高位砌体梁传来的力 R_2 为：

$$R_2 = \left[2 - \frac{L_N \tan(\varphi - \alpha)}{2(h_N - S_{N_2})}\right] F_{N_1} \tag{2-82}$$

式中，φ 为砌体梁 N_1 岩块的转动角度；L_N 为砌体梁关键块 N_1 的长度；h_N 为高位层的厚度；F_{N_1} 为关键块 N_1 承受的上部荷载及其自重。

其中：

$$F_{N_1} = K_G(h_N + h_2)\gamma L_N \tag{2-83}$$

式中，h_2 为高位关键层所控制的上覆岩层厚度。

联立式（2-81）~式（2-83）可得

$$\left\{\begin{array}{l} F_{M_1} = K_G(h_M + h_1)\gamma L_M \qquad\qquad\qquad 双关键层非同时破断 \\[2mm] F_{M_1} = K_G\left\{\left[2 - \dfrac{L_N\tan\left(\varphi - \dfrac{\pi}{2} + \alpha\right)}{2(h_N - S_{N_2})}\right](h_N + h_2)\gamma L_N + (h_M + h_1)\gamma L_M\right\} 双关键层同时破断 \end{array}\right.$$

$$\tag{2-84}$$

2）关键块间水平推挤力 T_{M_1}，T_{M_2} 和剪切力 Q_{M_1}。对 M_1 关键块的 A 点取力矩 $\sum M_A = 0$，可得：

$$F_{M_1}\left[\frac{L_M}{2}\cos\theta + \left(\frac{h_M}{\sin\alpha} - \frac{0.5a}{\sin(\alpha - \theta)}\right)\cos(\alpha - \theta)\right] + F_{M_2}h_M\cot\alpha -$$

$$T_{M_2}\left[\left(\frac{h_M}{\sin\alpha} - \frac{0.5a}{\sin(\alpha - \theta)}\right)\sin(\alpha - \theta) - S_{M_2} - 0.5a\right] = 0 \tag{2-85}$$

台阶结构的水平、竖直力平衡关系为：

$$T_{M_1} + Q_{M_1}\cos(\alpha - \theta) - T_{M_2} = 0 \tag{2-86}$$

$$Q_{M_1}\sin(\alpha - \theta) - F_{M_1} = 0 \tag{2-87}$$

联立式（2-85）~式（2-87）可求得水平推挤力 T_{M_1}、T_{M_2} 和 A 铰接点处的剪切力 Q_{M_1}，为：

$$Q_{M_1} = \frac{F_{M_1}}{\sin(\alpha - \theta)} \tag{2-88}$$

$$T_{M_1} = \frac{F_{M_1}\left\{\dfrac{L_M}{2}\cos\theta + \left[\dfrac{h_M}{\sin\alpha} - \dfrac{0.5a}{\sin(\alpha - \theta)}\right]\cos(\alpha - \theta)\right\} + F_{M_2}h_M\cot\alpha}{\left[\dfrac{h_M}{\sin\alpha} - \dfrac{0.5a}{\sin(\alpha - \theta)}\right]\sin(\alpha - \theta) - S_{M_2} - 0.5a} - F_{M_1}\cot\alpha$$

$$\tag{2-89}$$

$$T_{M_2} = \frac{F_{M_1}\left\{\dfrac{L_M}{2}\cos\theta + \left[\dfrac{h_M}{\sin\alpha} - \dfrac{0.5a}{\sin(\alpha - \theta)}\right]\cos(\alpha - \theta)\right\} + F_{M_2}h_M\cot\alpha}{\left[\dfrac{h_M}{\sin\alpha} - \dfrac{0.5a}{\sin(\alpha - \theta)}\right]\sin(\alpha - \theta) - S_{M_2} - 0.5a} \tag{2-90}$$

3）摩擦-滑落失稳判别条件。若 A 点处剪力大于摩擦力时，M_1 结构发生滑落失稳，则保证结构稳定需满足：

$$T_{M_1}\tan\varphi - Q_{M_1} \geqslant 0 \tag{2-91}$$

式中，$\tan\varphi$ 为关键块的摩擦因数。

联立式（2-89）~式（2-91），化简后可得：

$$\frac{\dfrac{L_M}{2}\cos\theta + \left[\dfrac{h_M}{\sin\alpha} - \dfrac{0.5a}{\sin(\alpha-\theta)}\right]\cos(\alpha-\theta) + \dfrac{F_{M_2}}{F_{M_1}}h_M\cot\alpha}{\left[\dfrac{h_M}{\sin\alpha} - \dfrac{0.5a}{\sin(\alpha-\theta)}\right]\sin(\alpha-\theta) - S_{M_2} - 0.5a} - \cot\alpha - \frac{1}{\tan\varphi\sin(\alpha-\theta)} \geqslant 0$$

$$\tag{2-92}$$

假设关键块所承受的上覆荷载相等，一般台阶岩梁的台阶高度一般为关键块度厚度的 $1/5 \sim 1/4$，这里取 $1/4$，则上式可化简为：

$$\frac{\dfrac{\cos\theta}{2} + \dfrac{i_M\cos(\alpha-\theta)}{\sin\alpha} + i_M\cot\alpha}{\dfrac{i_M\sin(\alpha-\theta)}{\sin\alpha} - \dfrac{1}{4} - \sin\theta} - \cot\alpha - \frac{1}{\tan\varphi\sin(\alpha-\theta)} \geqslant 0 \tag{2-93}$$

4）摩擦-滑落失稳关键参数分析。台阶岩梁关键块发生滑落失稳时的临界判别条件，式中有四个变量，分别为摩擦因数 $\tan\varphi$，转角 θ，断裂角 α 及块度 i_M，并不受到上覆荷载 F_{M_1} 的影响，所以摩擦-滑落失稳与否仅与岩层特性和走向关键块的几何特性有关。若确定四个变量中的一个变量则可建立其他三个变量的平衡曲面关系。由于摩擦系数是岩石本身物理属性，受外界影响较小，而其他三个变量受地质条件及开采设计的影响较大，所以固定摩擦系数来研究其他三个变量的关系更意义。研究发现一般煤层顶板摩擦系数一般取值范围在 $0.4 \sim 0.6$ 之间，关键块转角 θ 在 $4° \sim 12°$ 之间，关键块断裂角 α 取值范围在 $60° \sim 90°$ 之间。为此，建立摩擦系数取值为 0.4、0.5、0.6 条件下极限平衡方程的三维曲面图像案例，分析关键块块度 i_M 随关键块转角 θ 及关键块断裂角 α 变化的极限平衡关系，如图 2-15 所示。

由图 2-16 可知，关键块块度 i_M 与关键块转角 θ 呈正相关，表明关键块越高、越短，结构失稳所需的旋转角度越大，反之越小；关键块块度 i_M 与关键块断裂角 α 呈负相关，表明关键块越高、越短，关键块断裂的角度越小，反之越大。

图 2-16 为极限平衡曲面上的块度 i_M 最大值与摩擦系数的拟合线，可知二者呈正相关关系，表明岩块间摩擦系数越大，生成的关键块块度越大，反之越小；并且不发生滑落失稳的极限平衡曲面最大块度需小于等于 0.796，但是实际上关键块的块度均大于 1，所以台阶岩梁关键块的滑落失稳是必然的，也是动压显现的重要原因。

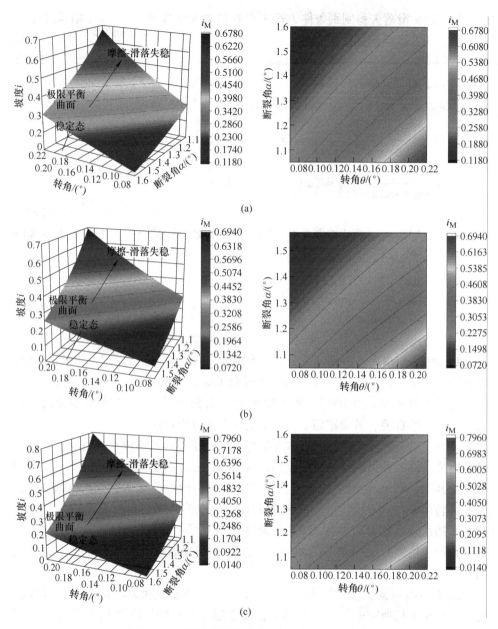

图 2-15 不同摩擦系数条件下 i_M、θ、α 关系图

（a）$\tan\varphi = 0.4$；（b）$\tan\varphi = 0.5$；（c）$\tan\varphi = 0.6$

B 挤压-回转失稳力学分析

（1）挤压-回转失稳判别条件：随着采煤工作面的推进，上覆直接顶继续垮落，若直接顶垮落较为及时，使得关键块 M_1 无直接顶的支撑力作用，其受力情

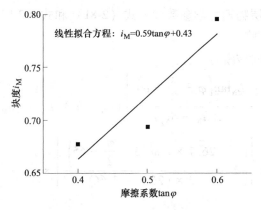

图 2-16 块度最大值与摩擦系数的拟合线

况与摩擦-滑落失稳受力特征相同，但岩块间摩擦力大于块间剪力，不会发生摩擦-滑落失稳。在这种状态下关键块 M_1 的稳定性靠岩块间挤压力与咬合端 A 点的强度之间的关系来决定，若咬合挤压力大于咬合端强度，则咬合点破裂发生挤压-回转失稳，则保证结构稳定需满足：

$$T_{M_1} \leqslant \eta a [\sigma_c] \tag{2-94}$$

式中，$[\sigma_c]$ 为关键块岩层的抗压强度。

联立式（2-89）和式（2-94），化简后可得：

$$\frac{F_{M_1}\left\{\dfrac{L_M}{2}\cos\theta + \left[\dfrac{h_M}{\sin\alpha} - \dfrac{0.5a}{\sin(\alpha-\theta)}\right]\cos(\alpha-\theta)\right\} + F_{M_2}h_M\cot\alpha}{\left[\dfrac{h_M}{\sin\alpha} - \dfrac{0.5a}{\sin(\alpha-\theta)}\right]\sin(\alpha-\theta) - S_{M_2} - 0.5a} - F_{M_1}\cot\alpha - \eta a[\sigma_c] \leqslant 0 \tag{2-95}$$

联立式（2-81）和式（2-95），并取 $h_M = 20.4\mathrm{m}$，$[\sigma_c] = 53.25\mathrm{MPa}$，$\eta = 0.3$，则式（2-95）可化简为：

$$\frac{\dfrac{i_M}{2}\sin\alpha\cos\theta + i_M\cos(\alpha-\theta) + \cos\alpha}{i_M\sin(\alpha-\theta) - \dfrac{\sin\alpha}{4}} - \frac{\cot\alpha}{20.4\sin\alpha} - \frac{6.72(1 - i_M\sin\theta)}{F_{M_1}} \leqslant 0 \tag{2-96}$$

（2）挤压-回转失稳关键参数分析：台阶岩梁关键块发生挤压-回转时的临界判别式中有四个变量，分别为台阶关键块上覆荷载 F_{M_1}，转角 θ，断裂角 α 及块度 i_M。由于该判别式中由上覆荷载的影响，为研究双关键层同时破断、非同时破断下支撑系统的失稳规律，需求解双关键层同时破断和非同时破断情况下 F_{M_1} 的值。

根据曹家滩岩层物理力学参数代入式（2-81）和式（2-84），可求得双关键层临界破断时 F_{M_1} 的值。

当双关键层同时破断时，有：

$$F_{M_1} = K_G \left\{ \left[2 - \frac{L_N \tan\left(\varphi - \frac{\pi}{2} + \alpha\right)}{2(h_N - S_{N_2})} \right] (h_N + h_2)\gamma L_N + (h_M + h_1)\gamma L_M \right\}$$

$$= 0.45 \times \left\{ \left[2 - \frac{26.1 \times \tan\left(35 - \frac{\pi}{2} + 65\right)}{2 \times (26.1 - 2.66)} \right] \times \right.$$

$$\left. (26.1 + 84) \times 0.025 \times 26.1 + (20.4 + 35.8) \times 0.025 \times 20.4 \right\}$$

$$= 51.8$$

研究表明陕北矿区近浅埋煤层关键块块度为 1 左右，在块度一定条件下确定转角为 6°，将参数代入式（2-96），可建立回转失稳临界条件下支撑系统断裂角 α 及 F_{M_1} 的关系，如图 2-17 所示。

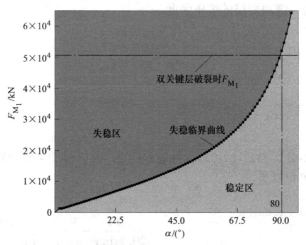

图 2-17 断裂角 α 及 F_{M_1} 的拟合线

由图 2-17 可知，断裂角与上部岩层传递力的关系为正相关，增长速率由缓变快，表明断裂角越小。角度越尖，则回转失稳需要的上部压力越低。反之，断裂角越大、接近于 90° 时，越难出现回转失稳现象。根据曹家滩双关键层破断后传递的最大上部荷载与拟合曲线对比可知，当关键块断裂角度大于 80° 时，将不会发生回转失稳。

C 压碎-切落失稳力学分析

（1）力学模型构建。台阶岩梁压碎-切落失稳过程分为三个部分，如图 2-18 所示，首先为关键块 M_1 与直接顶端角部位破碎，端角突然失去支撑，且产生移动空间；随后关键块 M_1 以 B 铰点为支点发生回转，产生更大的空间，导致关键块 M_1 发生切落失稳。

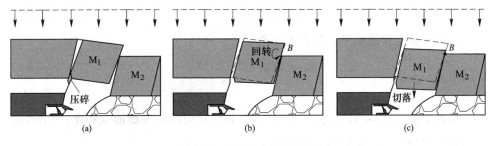

图 2-18 压碎-切落失稳过程

（a）压碎；（b）回转；（c）切落

由于失稳前关键块 M_1 前端角搭接在直接顶端角处，后部与关键块 M_2 铰接于 B 点，所以关键块 M_1 与岩层无上下错动的趋势，则该部位没有摩擦力。因为关键块 M_1 端角与直接顶端角搭接长度很小，所以假设此处的支持力合力 F_A 过 A 点，具体构建的台阶岩梁压碎-切落力学模型，如图 2-19 所示。

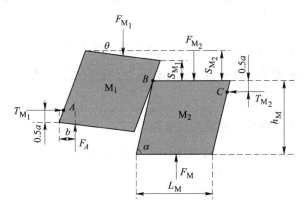

图 2-19 台阶关键块力学模型

台阶结构对的 A 点取力矩 $\sum M_A = 0$，可得：

$$F_{M_1}\left\{\frac{L_M}{2}\cos\theta + \left[\frac{h_M}{\sin\alpha} - \frac{0.5a}{\sin(\alpha-\theta)}\right]\cos(\alpha-\theta)\right\} + F_{M_2}h_M\cot\alpha - $$

$$F_A b - T_{M_2}\left\{\left[\frac{h_M}{\sin\alpha} - \frac{0.5a}{\sin(\alpha-\theta)}\right]\sin(\alpha-\theta) - S_{M_2} - 0.5a\right\} = 0 \quad (2\text{-}97)$$

解得:

$$T_{M_2} = \frac{F_{M_1}\left\{\dfrac{L_M}{2}\cos\theta + \left[\dfrac{h_M}{\sin\alpha} - \dfrac{0.5a}{\sin(\alpha-\theta)}\right]\cos(\alpha-\theta)\right\} + F_{M_2}h_M\cot\alpha - F_A b}{\left[\dfrac{h_M}{\sin\alpha} - \dfrac{0.5a}{\sin(\alpha-\theta)}\right]\sin(\alpha-\theta) - S_{M_2} - 0.5a}$$

$$(2\text{-}98)$$

根据台阶结构的水平、竖直力平衡关系, 可得:

$$T_{M_1} = T_{M_2} \tag{2-99}$$

$$F_{M_1} = F_A \tag{2-100}$$

通过对比式 (2-69) 和式 (2-99), 可知, 与前两种失稳形式相比, 压碎-切落失稳关键块 M_1 前端水平推挤力 T_{M_1} 较低。

(2) 压碎-切落失稳判别条件。由结构受力形式可看出, 台阶岩梁发生压碎-切落失稳的前提是端角部位的破碎, 根据作用力反作用力关系可知, 关键块端部和直接顶端部力相等均为 F_A, 所以基本顶岩层和直接顶岩层强度小者先破碎。若关键块的端角先破碎只会发生关键块回转, 但回转后仍有直接顶端角支撑, 不会发生突然切落。若直接顶端角先破碎, 关键块端角会突然失去支撑, 才会发生切落现象。

支撑端部力学模型如图 2-20 所示, $2b$ 代表直接顶与关键块 M_1 搭接长度, 将挤压力用均布力 q 表示。由于搭接长度较小, 且硬岩的断裂角较大, 所以端部为斜压破坏。

则要保证结构不发生失稳的必要条件为:

$$\begin{cases} F_A \leqslant \eta[\sigma_c] & 2b \leqslant 1 \\ \dfrac{F_A}{2b} \leqslant \eta[\sigma_c] & 2b > 1 \end{cases} \tag{2-101}$$

式中, $[\sigma_c]$ 为直接顶单轴抗压强度; η 为端角破坏折减系数。

由于岩层断裂角为 $60° \sim 90°$, 则对 η 应取 $0.42 \sim 0.94$[94], 厚硬顶板周期来源关键块块度大于 1, 现取块度 i 为 1, 根据典型矿井曹家滩煤矿地质条件及物理力学试验, 取参数 $[\sigma_c] = 75.49\text{MPa}$, $h_M = 4 \sim 22\text{m}$, $h_1 = 35.8\text{m}$, $h_N = 26.1\text{m}$, $h_2 = 84\text{m}$, $\gamma = 25\text{kN/m}^3$, $\theta_N = 6°$, $K_G = 0.45$, $S_{N_2} = 2 \sim 66\text{m}$, 将参数代入式 (2-84), 可求得关键层是否失稳。

当双关键层非同时破断时, 有:

$$F_A = K_G(h_M + h_1)\gamma L_N = 0.45 \times (20.4 + 35.8) \times 0.025 \times 20.4 \text{MPa} = 12.9 \text{MPa}$$

$$\eta_{\min}[\sigma_c] = 0.42 \times 75.49 = 31.7$$

则无论 b 取何值，在双关键层非同时破断条件下，关键块都不会发生压碎-切落失稳。

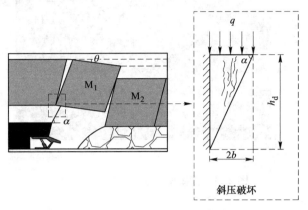

图 2-20　支撑端部力学模型

当双关键层非同时破断时，有：

$$F_A = K_G\left\{\left[2 - \frac{L_N\tan\left(\varphi - \frac{\pi}{2} + \alpha\right)}{2(h_N - S_{N_2})}\right](h_N + h_2)\gamma L_N + (h_M + h_1)\gamma L_M\right\}$$

$$= 0.45 \times \left\{\left[2 - \frac{26.1 \times \tan\left(35 - \frac{\pi}{2} + 65\right)}{2 \times (26.1 - 2.66)}\right] \times (26.1 + 84) \times \right.$$

$$\left. 0.025 \times 26.1 + (20.4 + 35.8) \times 0.025 \times 20.4\right\}$$

$$= 51.8$$

在工程地质条件一定的情况下，将上部荷载及抗压强度参数代入式（2-101），可得端角破坏时的临界搭接长度 $2b$ 与端角破坏折减系数 η 的关系：

$$2b \leqslant \frac{F_A}{\eta[\sigma_c]} = \frac{51.8}{75.49\eta} = \frac{0.69}{\eta} \tag{2-102}$$

根据式（2-101），可拟合出在临界失稳状态下端角折减系数和搭接长度的关系曲线，如图 2-21 所示。

由图 2-21 可知，在失稳临界曲线上，搭接长度与折减系数呈负相关关系，表明折减系数越大，破坏强度越高，则破坏所需的搭接长度越小。上覆岩层传来的力 F_A 越大，越易发生失稳，F_A 主要与关键层控制的岩层厚度和关键块的断裂

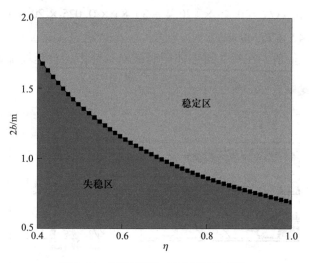

图 2-21 搭接长度与折减系数关系图

长度有关，关键层所控制的岩层厚度越厚，关键块的断裂长度越长，则传到直接顶的力 F_A 越大。

2.3.3 定向切顶沿空巷道围岩控制原理

2.3.3.1 留设煤柱开采减弱本工作面采空区顶板动载压力

根据沿空动压巷道的维护形式，留煤柱开采时，工作面采空区顶板动载压力是引起煤柱应力集中的一个重要因素，提出于本工作面沿空动压巷道内进行切顶以减小沿空动压巷道的围岩应力集中程度，如图 2-22 所示。

以典型矿井曹家滩煤矿工作面开采为例进行具体分析。当煤层开采后地应力重新分布，原煤层上覆岩层重量向四周转移，由于未开采区域受到双采空区的影响，在煤柱及 122108 工作面侧均出现应力集中现象。如图 2-23 所示，将未切顶状态下的采场压力进行横向、纵向两个方面分析，采场横向支承压力分布为四个区，Ⅰ区为 122108 煤柱应力集中区，Ⅱ为 122108 辅运巷道应力卸载区，Ⅲ为 122106 煤柱应力集中区，Ⅳ为 122106 采空区压实状态压力平稳区。采场纵向支承压力分布同为四个区，Ⅰ区为未开采的初始应力平稳区，Ⅱ为工作面超前支承压力升高区，Ⅲ为 122108 采空区未压实状态压力上升区，Ⅳ为 122108 采空区压实状态压力平稳区。

根据矿山岩层理论可知，在未切顶情况下，基本顶形成的悬顶板上、下、左三边均未断裂为固支状态，右边一侧与断裂的基本顶岩块咬合铰接为简支的状态，则三边固支一边简支状态下板的极限断裂步距 ξ 为：

$$\xi = \frac{h}{1 - \mu^2} \sqrt{\frac{4\sigma_s(2 + \eta^2)}{4q' + 3q'\mu\eta^2}} \qquad (2-103)$$

式中，μ 为基本顶岩层的泊松比；q' 为岩层自重及上覆荷载；η 为采空区几何形状系数；h 为关键层岩层厚度；σ_s 为关键层岩层极限抗拉强度。

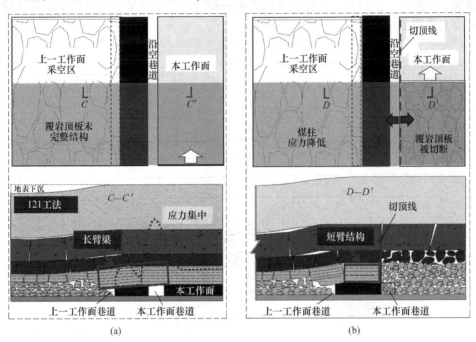

图 2-22　留设煤柱开采减弱本工作面采空区顶板动载压力

（a）预裂切顶前；（b）预裂切顶后

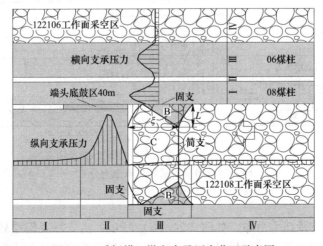

图 2-23　采场横、纵向支承压力分区示意图

其中，横向支承压力Ⅰ区的高应力集中是由双采空区影响的，尤其是由122108工作面横向悬臂结构长度较长引起的，如图2-24（a）所示。由于煤层开采厚度较大，且直接顶厚度较薄，所以采空区矸石充填度低，难以对悬臂结构提供有效的支撑力，仅靠端部煤柱支撑，所以导致煤柱侧支承压力升高。当该结构断裂、滑落时，会使得煤柱侧支承压力进一步升高，这也是引起回风巷道煤柱侧帮应力集中的主要原因。

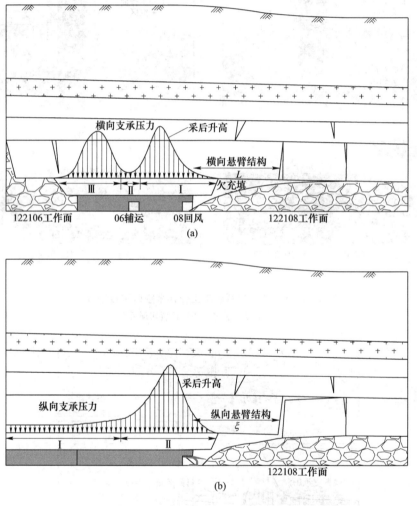

图2-24 切顶前采场支承压力分布
（a）采场横向支承压力分布；（b）采场纵向支承压力分布

采场纵向支承压力分布，如图2-24（b）所示，由采场关键层较厚，导致纵向悬臂结构长度较长，所以使得工作面超前支承压力升高。并且由前文台阶岩梁理论分析可知，当长悬臂结构断裂后形成台阶岩梁块体长度较大，其滑落失稳或双关键层失稳均会引起更大动压，这也是导致巷道工作面侧帮部高应力集中的主要原因，所以控制纵向悬臂结构长度是降低Ⅱ区支承压力的关键。

利用聚能爆破切顶卸压技术在保证不破坏本工作面顺槽稳定性的前提下，破坏了岩层的完整性，切断了低位关键层的横向大悬臂结构，减少了采空区顶板与煤柱侧顶板的联系，进而阻断了应力传递，所以使得 122108 煤柱侧应力降低，如图 2-25 所示。

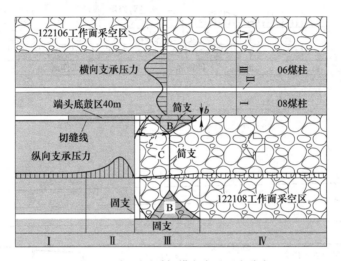

图 2-25　切顶后采场横向支承压力分布

切顶后使得关键层横向大悬臂结构迅速垮落，利用其碎胀性充实采空区，得以支撑上覆岩层，减小上覆岩层的下沉变形，进而减小巷道围岩应力集中现象，使得 122108 回风巷道两侧应力均呈现降低趋势，切顶后支承压力分布示意图，如图 2-26 所示。

在切顶情况下，基本顶形成的悬顶板左、下两边均未断裂为固支状态，上边由于切顶断裂，与未断裂的岩层铰接咬合为简支状态，右边一侧与断裂的基本顶岩块咬合铰接为简支的状态，则两临边固支、两临边简支状态下板的极限断裂步距 ξ' 为：

$$\xi' = \frac{h}{1 - \mu^2}\sqrt{\frac{4\sigma_s(1 + \eta^2)}{3q + 3q\mu\eta^2}} \tag{2-104}$$

由开采边界与板的断裂步距关系可知，板的简支数量越多，断裂步距越短，则 $\xi' < \xi$。由于切顶后悬顶步距的缩短，导致横向Ⅱ区工作面侧超前支承压力峰值的减小，并且切顶处板的连接状态由固支变为简支，导致无法向 122108 煤柱侧传递弯矩，仅传递岩块咬合在一块的摩擦力，进而使得纵向Ⅰ区 122108 煤柱集

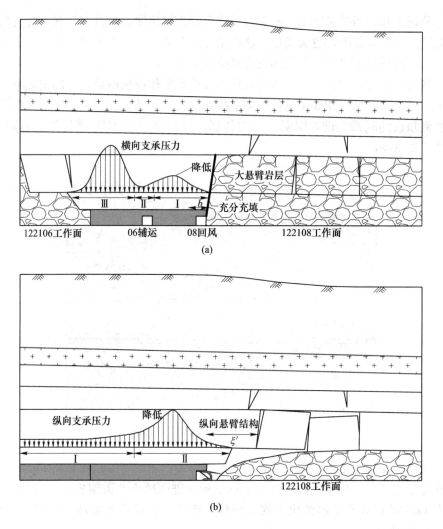

图 2-26 切顶后采场横向支承压力分布

（a）采场横向支承压力分布；（b）采场纵向支承压力分布

中应力降低，起到横、纵双向卸压的效果。

2.3.3.2 留设煤柱开采切断上一工作面采空区顶板静载压力

在工作面开采后，地下岩层原有的平衡状态被打破，采空区覆岩运动以寻求新的平衡。由于岩层之间的传动性，会造成工作面前方及侧方出现压力升高或集中现象。如图 2-26（a）所示，为了保证工作面正常接续，下一工作面的巷道往往会提前掘好。当本工作面开采后，相邻工作面间的煤柱会成为应力集中区，服务下一个工作面的巷道会处于高应力环境，造成巷道不稳定。尤其在大埋深条件下，此种现象更为明显。

实际上，通过增大煤柱尺寸可缓解该类巷道的围岩应力集中，但会造成严重的资源浪费。因此，提出通过切断上一工作面采空区顶板静载压力实现卸压的控制方法，如图 2-27 所示。未进行切顶卸压前，采空区覆岩基本顶岩层的断裂位置具有随机性，顶板是长臂结构，在覆岩自重及传递力作用下，极易造成巷道围岩应力升高。采用定向拉张爆破切顶卸压技术后，人为可主动控制顶板断裂，使顶板在一定范围内沿指定切缝线垮落，转变为短臂结构，从而减少传递至巷道围岩的荷载。该技术超前工作面实施，于服务本工作面的巷道内进行切顶，减小传递至下一工作面巷道的应力，从而达到控制沿空动压巷道围岩变形的目的。

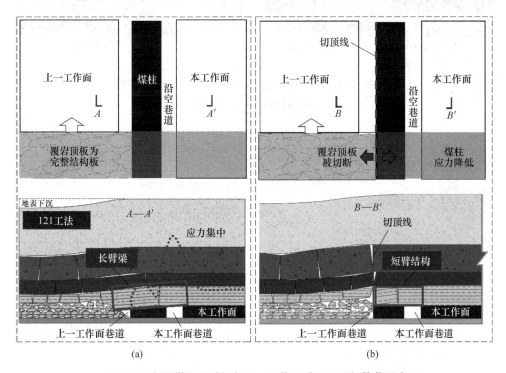

图 2-27　留设煤柱开采切断上一工作面采空区顶板静载压力
（a）预裂切顶前；（b）预裂切顶后

2.3.3.3　切顶卸压无煤柱自成巷开采沿空动压巷道控制

无煤柱切顶成巷是通过采取措施将上一工作面回采巷道沿空维护，供下一工作面继续使用。与充填沿空留巷不同，切顶沿空留巷需超前工作面进行切缝，以采空区垮落的矸石代替充填体进行护巷[95]。

如图 2-28 所示，未切顶前，巷道顶板和采空区顶板成一个结构整体，两者运动高度相关，回采巷道在普通支护下极易坍塌垮落。沿空巷道在覆岩及煤柱作用下易大变形。切顶后，顶板结构连接状态发生改变，巷道顶板在高强锚索作用下得以保留，而采空区顶板在切顶作用下充分碎胀，转化为护巷体。由于切顶后采空区顶板的部分应力得以释放，巷道应力环境有所改善。此外，引起沿空巷道变形的力源煤柱被取消，从而实现沿空动压巷道变形的有效控制。

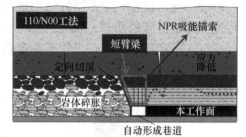

(a)　　　　　　　　　　　　　　　(b)

图 2-28　切顶卸压无煤柱自成巷开采沿空动压巷道控制

(a) 预裂切顶前；(b) 预裂切顶后

3　定向预裂卸压关键技术与装备

　　沿空动压巷道的顶板在开采过程中会形成长臂梁，在动压影响下存在高应力集中、顶板与煤层被压坏等问题，需采用定向预裂技术及装备将顶板转变为短臂梁，减弱沿空动压巷道围岩应力。本章介绍了聚能张拉爆破定向预裂切缝技术，在沿空动压巷道的采空区侧形成定向预裂缝，切断顶板结构和应力传递路径，重点论述了该技术的原理、成缝效果检测与评价、成缝扩展规律及配套装备等。

3.1　定向预裂切缝技术原理

　　利用岩体抗压不抗拉的特性，笔者所在团队研发了聚能爆破顶板切缝技术[96]，实现了爆破后在两个设定方向上形成聚能流，并产生集中张拉应力，在工作面回采前，采用顶板张拉预裂爆破技术，在回采巷道沿将要形成的采空区侧形成定向预裂切缝，切断顶板应力传递路径，其原理如图 3-1 所示。

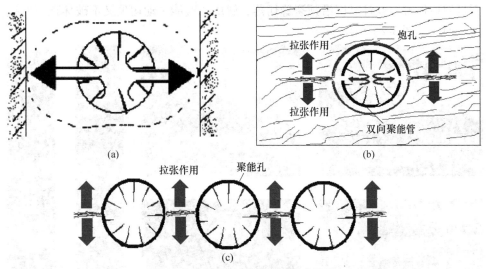

图 3-1　顶板定向预裂切缝技术原理

（a）*XOY* 平面聚能受压模型；（b）*XOY* 平面聚能拉张模型；（c）*XOZ* 平面聚能拉张模型

　　利用双向张拉聚能装置装药进行聚能爆破，炸药爆炸后，冲击波首先直接作用于双向抗拉伸聚能装置开口对应的孔壁上，使其产生初始裂隙。随后，在爆生气体的作用下，炮孔及孔壁周围形成静应力场，使炮孔径向受压应力作用（均匀受压）。在聚能孔的引导下，爆生气体涌入冲击波作用产生的初始微裂隙，产生气楔作用，由此在垂直初始裂隙方向（控制方向）产生拉张作用力，并出现应力集中。正是由于这部分集中拉张应力（XOY 平面拉张应力），以及对岩石"抗压不抗拉"特性的充分利用，致使岩体沿预裂切隙方向失稳、断裂，从而促进裂隙（面）的进一步扩展、延伸。

在现场应用中，若几个炮孔同时起爆，爆生气体准静应力场在炮孔之间产生应力叠加效应，炮孔间的拉张应力作用增加，更易导致裂纹的产生与扩展。当相邻炮孔间距适当时，裂缝将得以贯通，形成光滑断裂面。

此外，从聚能装置的每一个聚能孔中释放的能量流，除了对其对应的炮孔孔壁作用外，同时还会对聚能孔自身的孔壁四周产生均匀压力作用。同样，这部分均匀作用于聚能孔孔壁的压应力也将产生集中张拉应力，作用于垂直聚能孔连线方向的聚能装置壁上。在此过程中，双向张拉聚能装置起着三个重要力学作用：(1) 对岩体的聚能压力作用，此时岩体局部集中受压；(2) 炮孔围岩整体均匀受压，设定方向上集中受拉，这种整体均匀受压产生局部集中受拉的前提为双向聚能装置必须有一定的强度；(3) 炮孔间围岩在 XOZ 平面受拉张力作用，在 XOZ 平面上，沿轴向围岩受到系列聚能孔的力学作用后，沿炮孔轴向，设定方向对应的孔壁岩体受拉张应力作用。

现场应用结果表明，该技术不仅能按设计位置及方向对顶板进行预裂切缝，而且使顶板按照设计高度沿预裂缝切落，解决了既能主动切顶又不破坏顶板的技术难题，如图 3-2 所示。

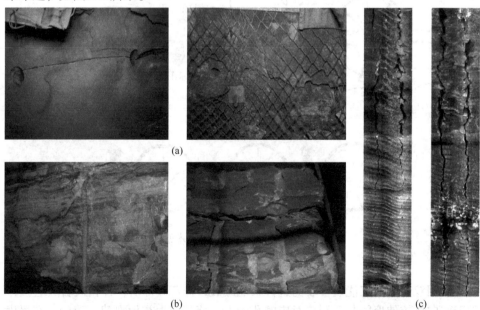

图 3-2 顶板定向切缝现场应用效果

(a) 顶板孔间裂缝；(b) 顶板沿切缝面垮落；(c) 孔内窥视裂缝

与传统的炮孔切槽爆破、聚能药包爆破及切缝药包爆破等控制爆破技术相比，双向聚能拉张成型控制爆破具有以下优点：

（1）利用了岩体抗压不抗拉的特性，相应加大了炮孔间距，在同等爆岩方量上减少了炮孔钻进工作量；

（2）最大程度地保护了围岩，减少围岩受炮震、冲击波及爆生气体作用，大大地减少了围岩损伤，有利于工程岩体的支护和稳定；

（3）炸药单耗少，综合成本低，经济和社会效益显著；

（4）操作工艺简单，易于在现场推广使用，应用时不需改变原有钻爆操作工序，只需在周边眼中采用双向聚能装置装药即可，其他炮眼装药结构不变。

3.2 定向预裂切缝效果检测与评价

顶板定向预裂切缝是切顶卸压无煤柱自成巷的基础和关键，因此，必须对现场切缝效果进行检测，以保证切顶卸压和沿空自动成巷的成功。

定向预裂切缝效果检测主要采用钻孔自动成像仪进行检测，具体方法与要求如下所述。

（1）检测仪器与设备。

1）利用钻孔自动成像仪进行钻孔内部探测成像，检测定向预裂缝孔内扩展情况；

2）利用围岩裂隙探测仪进行深部围岩探测，检测孔间裂缝连通和扩展情况。

（2）检测步骤与评价指标。

1）第一步：成孔后预裂爆破前，进行钻孔编号，采用钻孔自动成像仪探测钻孔成孔效果和裂隙发育情况，应达到如下要求：

①角度误差率：$K_1 = \alpha_{设计} - \alpha_{实际} / \alpha_{设计} \leqslant 10\%$；

②钻孔平直率：$K_2 = L_{坑洼} / L_{钻孔} \leqslant 10\%$。

2）第二步：钻孔自动成像仪内部探测成像，检测定向预裂缝孔内扩展情况，应达到如下要求：

孔内裂缝率：$K_4 = L_{孔内裂缝} / L_{钻孔} \geqslant 90\%$。

3）第三步：裂隙探测仪深部围岩探测，检测孔间裂缝联通和扩展情况，应达到如下要求：

孔间裂缝率：$K_5 = A_{孔间裂缝} / L_{钻孔} \times L_{孔间距} \geqslant 90\%$。

4）第四步：闭合临界距离评估，检测架后到完全垮落处距离，应达到如下要求：

架后到完全垮落处距离：$K_7 \leqslant 20\mathrm{m}$。

5）第五步：支架受力集中系数评估，应达到如下要求：

支架受力集中系数：$K_8 = P_{顶板破断极限力} / P_{平时受力} \propto 1$。

（3）切缝效果检测与评价。成孔后预裂爆破前进行钻孔质量检测，定向预裂切缝后、回采前进行切缝效果检测，不合格钻孔必须及时在相邻位置进行预裂切缝钻孔和爆破施工，垮落成巷后进行成巷效果和支架受力集中系数检测，具体要求如下：

1）每条巷道初始 5 个爆破循环，必须每个循环及时现场检测效果，评估设计参数是否合理，如不合理，需及时调整设计方案；

2）如遇顶板岩性变化，随时进行钻孔成孔质量和切缝效果检测，并检验设计参数的合理性；

3）正常施工阶段，每 50m 进行 1 个爆破循环检测，评估切缝效果，并记录相关数据，形成阶段检测及评价报告。

3.3　定向预裂爆破成缝规律

为进一步探究爆破岩体力学行为及致裂机理，本节运用数值模拟方法重点探讨聚能张拉爆破和普通爆破模式下裂纹扩展规律及损伤过程。目前，爆破模拟方法较多，施载应力波方式是爆破模拟中最常用的方法之一。通过在爆破空间施载应力波近似模拟爆破后的应力传递，探究受载单元的力学行为。

此外，由于爆破过程是明显的非线性动力学问题，一些模拟软件内置了炸药模型和控制方程，可以模拟出应力波传播过程及裂纹动态扩展过程。本文运用这两种爆破模拟方法重点探究普通爆破模式下和聚能张拉爆破模式下岩体单元的力学行为，验证所设计聚能装置的有效性[79]。

3.3.1　基于施载应力波的裂纹衍生扩展模拟

3.3.1.1　数值计算方法

考虑到爆破过程的复杂性，将岩体爆破损伤作为一个过程研究，采用有限元方法（FEM）进行迭代求解。模拟软件采用 COMSOL Multiphysics（简称 CM），该软件起源于 MATLAB 的 Toolbox，内置有限元求解器，可与 MATLAB 较好地连接。CM 是一款求解偏微分方程的软件，尤其适合于多物理场求解。内置多个物理模型模块。对于复杂的问题，只需编制对应的数学模型嵌入到该软件中，并给定对应的边界条件和几何模型，可进行变量求解[79]。

本次模拟考虑顶板岩体的非均质性，由于应力波作用阶段是爆破裂纹扩展的主要阶段，因此本次模拟通过在爆破孔内施载应力波模拟介质内岩体单元的受力行为。根据单元的受力行为，以最大拉应力准则和莫尔-库仑准则分别作为单元损伤的判据准则，通过单元的损伤模拟裂缝的扩展行为，计算过程如图 3-3 所示。

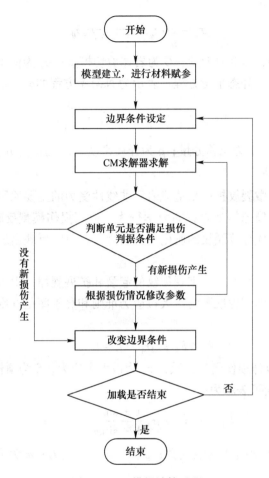

图 3-3 CM 模拟计算过程

首先，在 CM 中设定计算域，施加边界条件（包括模型边界条件和爆破应力波），通过 CM 的内部求解器进行应力场求解，通过 MATLAB 编程对单元损伤情况进行判断。如果某个单元的受力状态满足所设定的损伤条件，则对该单元进行弱化处理，修改对应的物理力学参数。然后在原加载条件下继续进行计算，直至没有新的损伤产生，然后根据应力波的函数关系进行下一个时间步的计算，达到模拟裂纹扩展的目的。

3.3.1.2 模拟控制方程

为了描述岩体单元的力学行为，采用一系列控制方程进行控制求解，主要包括静力平衡方程、损伤控制方程等[97~99]。

A 静力平衡方程

假设顶板岩体为理想线弹性介质，应力和应变满足以下本构方程：

$$\sigma_{ij} = 2G\varepsilon_{ij} + \frac{2Gv}{1-2v}\varepsilon_v\delta_{ij} \tag{3-1}$$

式中，σ_{ij} 为总应力；ε_{ij} 为总应变；G 为岩体剪切模量；ε_v 为体积应变。

使用紧凑模式，静态平衡方程可表示为 Navier 方程的改进形式：

$$Gu_{i,jj} + \frac{G}{1-2v}u_{j,ji} + F_i = \rho\frac{\partial^2 u_i}{\partial t^2} \tag{3-2}$$

式中，$u_i(i = x, y, z)$ 为位移分量；ρ 为介质密度；F_i 为体力分量。

B 损伤控制方程

岩石损伤后的微裂纹扩展是造成岩石非线性受力的主要原因，本次模拟采用弹性损伤本构关系模拟细观岩石的力学行为。运用损伤模型反映单元刚度变化，运用有限元方法迭代计算裂纹的萌生、扩展规律，直观反映出岩石材料的损伤断裂破坏机理。

为了描述应力波影响下微细观裂纹的起裂和扩展规律，引入损伤变量。这里采用的岩体单元损伤判据准则为最大拉应力准则和莫尔库伦准则，最大拉应力准则可表示为：

$$F_1 \equiv \sigma_1 - f_t = 0 \tag{3-3}$$

式中，F_1 为弹性拉伸损伤阈值函数；σ_1 为最大主应力；f_t 为顶板岩体抗拉强度。

莫尔-库仑准则可表示为：

$$F_2 \equiv -\sigma_3 + \sigma_1\frac{1+\sin\varphi}{1-\sin\varphi} - f_c = 0 \tag{3-4}$$

式中，F_2 为弹性剪切损伤阈值函数；σ_3 为最小主应力；φ 为介质内摩擦角；f_c 为单轴抗压强度。

根据弹性损伤理论，岩石材料弹性模量随着损伤发展而逐渐减小，可表示为：

$$E = (1-D)E_0 \tag{3-5}$$

式中，E 和 E_0 分别为损伤后和损伤前顶板岩体弹性模量；D 为损伤变量，可通过下式计算[100~102]：

$$D = \begin{cases} 0 & F_1 < 0, F_2 < 0 \\ 1 - \left|\dfrac{\varepsilon_t}{\varepsilon_1}\right|^2 & F_1 = 0, \mathrm{d}F_1 > 0 \\ 1 - \left|\dfrac{\varepsilon_c}{\varepsilon_3}\right|^2 & F_2 = 0, \mathrm{d}F_2 > 0 \end{cases} \tag{3-6}$$

这里，ε_t 和 ε_c 是当单元发生拉伸损伤和剪切损伤时对应的最大拉伸主应变和最大压缩主应变，公式后的应力状态用来判断是否继续进行时间步加载。

3.3.1.3　数值计算模型及参数

A　数值计算模型

为了对比普通爆破模式和聚能张拉爆破模式的异同，建立两种数值模型如图 3-4 所示。两种方案中几何模型尺寸均为 2m×1m，爆破孔对称于轴线分布于爆破区域内。与现场爆破情况对应，爆破孔直径取值为 46mm，孔间距为 600mm。根据现场地应力情况，水平方向应力取值为 2.50MPa，考虑到预裂切缝角影响，竖向施加 2.46MPa 荷载。方案（a）中，两相邻爆破孔中不安装聚能装置，自由爆破；方案（b）中，两相邻爆破孔中均安装有聚能管，聚能管开口方向为水平方向，如图 3-4（b）所示。

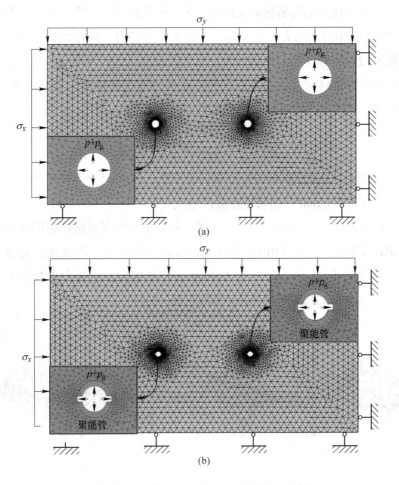

图 3-4　基于施载应力波方式的数值几何计算模型

（a）自由爆破模式；（b）聚能爆破模式

B　模型参数

　　天然存在的岩石物理力学性质在空间上均存在非均质性的特点。对岩石性质而言，对其影响最明显的是胶结物的属性和造岩矿物的强度，而实际岩石力学中研究的最小集合体多为矿物和胶结物共同组成的岩石微体。不同的岩石材料，由于矿物和胶结物的组合形式不同，力学性质则不同。对于岩体材料，不连续面对岩体力学性质起决定性作用。经验发现，岩体的弹性模量、内聚力等参数比完整岩石要低。

　　岩石的非均匀性可大致反映出岩体内部存在的微裂纹、微孔洞等软弱区，较为准确地表现出天然岩体的力学特性。非均匀性主要表现在材料单元力学性质的随机性，同时表现在空间结构的随机性。为了表现出细观岩体的非均匀性，国内外学者多是建立在统计方法理论基础上形成的赋参体系，运用统计方法反映由细观单元构成的岩体整体复杂力学行为。为了表现出顶板岩体的非均质性，这里假设单元的力学性质（弹性模量、强度等）是离散的，将材料性质按照 Weibull 分布进行赋参，按照如下概率函数密度定义[103]：

$$f(u) = \frac{m}{u_0}\left(\frac{u}{u_0}\right)^{m-1} \exp\left[-\left(\frac{u}{u_0}\right)^m\right] \tag{3-7}$$

式中，u 为顶板岩体弹性模量或强度等力学参数；u_0 为力学参数平均值；m 为形状参数，定义了 Weibull 分布密度函数的形状。

　　现场巷道顶板以砂岩为主，弹性模量、单轴抗压强度和抗拉强度平均值分别为 5.5GPa、210MPa 和 8.8MPa，形状函数反映了材料的不均质度，参考相关文献，模拟中形状函数取为 6。通过 Weibull 分布赋参后，主要力学参数的非均质可视化分布如图 3-5 所示，详细力学参数见表 3-1。

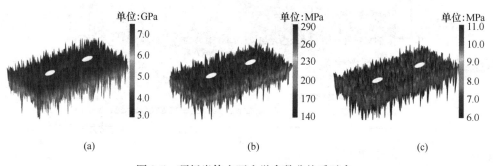

图3-5　顶板岩体主要力学参数非均质赋参

（a）弹性模量；（b）单轴抗压强度；（c）抗拉强度

表 3-1 爆破模拟力学参数

类型	力学参数符号	名称	单位	值
顶板岩体	E	平均杨氏模量	GPa	5.5
	f_e	平均单轴抗压强度	MPa	210
	f_t	平均抗拉强度	MPa	8.8
	ν	泊松比		0.25
	ρ_s	密度	kg/m^3	2800
	α	比特系数		0.1
	φ	内摩擦角	(°)	29
爆破参数	M_g	气体相对分子质量	g/mol	44
	R	气体常数	J/(mol·K)	8.31
	μ	动黏度系数	Pa·s	1.65×10^{-5}
	p_0	孔隙初始压力	MPa	20
	Q	炸药质量	kg	2.2
	g_a	衰减率		1.86
聚能装置	d_e	外径	mm	48
	d_i	内径	mm	42
	ρ_p	密度	kg/m^3	1380
	E_p	弹性模量	GPa	8.6
	f_{PT}	抗拉强度	MPa	64
	f_Y	屈服应力	MPa	75
	ν_p	泊松比		0.32

裂纹驱动扩展的主要阶段为应力波作用阶段[104]，因此本次模拟中忽略其他次要因素，重点考虑应力波作用下裂纹扩展。查阅文献发现，随时间变化的爆轰应力波有多种，正弦应力波更符合现场实际[105]。本次模拟中，考虑到应力波的作用时间，采用如下考虑爆破作用时间的应力波模拟过程[106]：

$$p_d(t) = p_0 \exp\left(-g_a \frac{t}{t_0}\right) \sin\left(\frac{4\pi}{1+t/t_0}\right) \tag{3-8}$$

式中，$p_d(t)$ 为爆轰应力波作用下动态压力；p_0 为应力峰值，可通过 $140e^6\times Q^{\frac{3}{2}}$ 近似计算，Q 为炸药量；g_a 为炸药延迟率；t_0 为加载时间，可近似通过 $0.81e^{-3}\times Q^{\frac{1}{3}}$ 获得。

3.3.1.4 基于施载应力波方式的爆破效果模拟对比分析

A 损伤裂纹扩展规律对比

损伤的发生意味着岩体单元达到了其破坏极限。本次数值模拟中，岩体单元被划分为很小的有限单元，单元的损伤代表了顶板岩体的破坏。根据式（3-5）可知，随着单元损伤程度加大，弹性模量减小。根据此对应关系，可通过单元的弹性模量直观反映单元的损伤情况。

自由爆破模式下不同时间步裂纹损伤扩展演化规律如图 3-6 所示。可以发

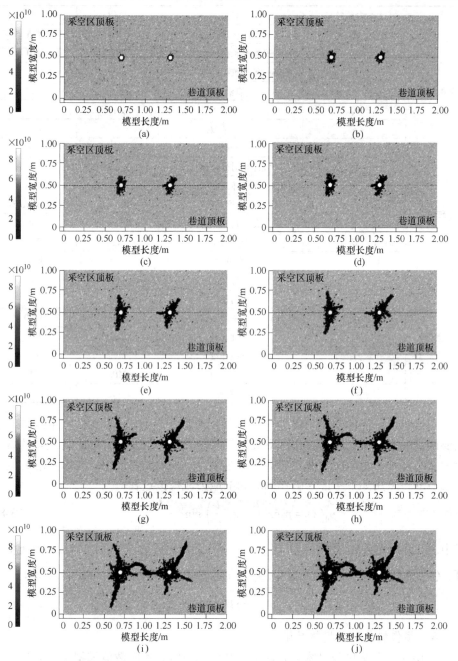

图 3-6 自由爆破模式下损伤扩展演化（单位：Pa）

（a）Step_10；（b）Step_20；（c）Step_30；（d）Step_40；（e）Step_50；

（f）Step_60；（g）Step_70；（h）Step_80；（i）Step_90；（j）Step_100

现，在没有聚能装置保护作用下，起始阶段（Step_20 之前）损伤裂隙沿爆破孔圆周方向滋生，距爆破孔较远位置不受影响。随后，损伤裂纹出现了不明显的分支，但整体还是围绕在孔周围发育。Step_50 之后，裂纹分支变得越来越明显，并向围岩深部延伸。同时，距孔口较远处出现了零星的损伤点，说明应力波正在向外传播，并起到一定作用。两爆破孔的损伤主裂隙向巷道顶板和采空区顶板方向扩展，滋生的分裂隙向两孔延伸。Step_80 左右，两孔中间的裂隙开始出现贯通，同时距孔较远的围岩中出现了较多的损伤点。Step_90 时主裂隙继续向远处扩展，孔间裂隙完全贯通，继续计算时，裂纹扩展不再明显，但仍有小幅度的增长。

聚能装置安装后，爆破损伤裂隙扩展更为规律，如图 3-7 所示。模拟过程中，聚能装置的实体部分阻挡和吸收了一部分应力波，爆破起始阶段，损伤裂隙即在聚能方向上滋生，随着应力波加载，裂纹一直沿着聚能方向扩展延伸，非聚能方向上很少有损伤产生。裂纹形状近似呈直线，而非自由爆破模式下的向四周扩展型。当计算至 Step_70 时，两孔之间的裂缝扩展了近一半，Step_90 时，两孔之间的裂缝几乎已贯通。由此可以发现，聚能爆破模式下裂缝扩展方向为人为设定的方向，巷道顶板得到有效保护。

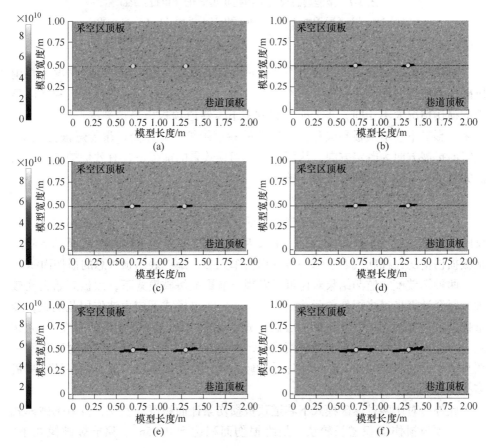

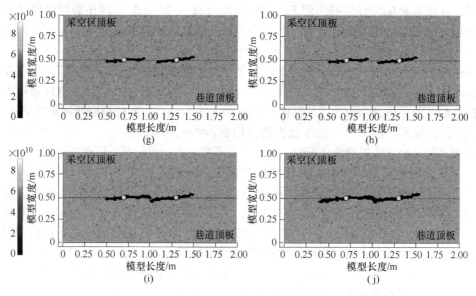

图 3-7　聚能爆破模式下损伤扩展演化（单位：Pa）

(a) Step_10；(b) Step_20；(c) Step_30；(d) Step_40；(e) Step_50；

(f) Step_60；(g) Step_70；(h) Step_80；(i) Step_90；(j) Step_100

对比自由爆破和聚能爆破损伤裂纹扩展可以发现，当孔距较小的情况下自由爆破和聚能爆破均能达到贯穿预裂孔的目的。但两者爆破后对巷道顶板和空区顶板的损伤情况大不相同，非聚能爆破方案下，巷道顶板极易被裂缝切割成块体，在采动影响下巷道顶板易失稳，给后期的巷道维护带来压力。聚能爆破方案下，裂缝的扩展方向为既定方向，从而在保证切顶效果的前提下，有效保护巷道顶板的完整性，有利于后期巷道的维护。

B　巷道顶板和采空区顶板损伤对比

除了孔间贯通情况是描述预裂爆破效果的一大因素，巷道顶板损伤程度也是反映无煤柱自成巷预裂效果的另一重大因素。图 3-8 描述了两种爆破模式下巷道顶板损伤情况，柱状代表了每一步的损伤单元数，虚线表示顶板总的损伤面积。

两种爆破模式监测结果对比可以发现，非聚能爆破模式下，顶板起始损伤较大，每个计算步最多损伤单元达到 231 个，由于该模式下应力波作用范围大，能量损失快，损伤终止时间较聚能爆破模式下更短。损伤速度最快位置在 Step_30 左右。形成鲜明对比，聚能爆破模式下，每个时间步损伤单元个数相对于方案一明显减少，Step_93 时间步时最多损伤单元个数为 50 个左右，较方案一计算步最多损伤单元减少约 78.4%。

此外，对比两种爆破模式下巷道顶板损伤累计面积可以发现，自由爆破模式下巷道顶板损伤面积增长较快，最终损伤面积达到 0.95m²。聚能爆破模式下，巷道顶板损伤明显减少，最终损伤面积减少了约97%，仅为0.15m²。由此可见，无论是巷道顶板损伤单元数还是最终损伤面积，安装聚能管后均明显减少。在同样贯通爆破孔的情况下，聚能张拉爆破技术在保证巷道稳定性方面更可靠，验证了该技术应用于无煤柱自成巷中的有效性。

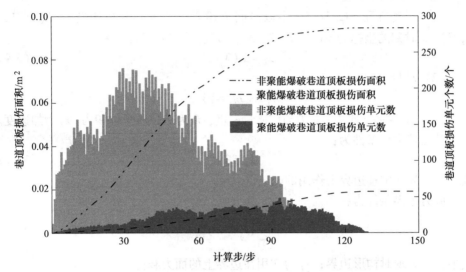

图3-8 自由爆破和聚能爆破模式下巷道顶板损伤对比

3.3.2 基于ALE算法的顶板预裂爆破损伤模拟

3.3.2.1 模拟方法简介

除了通过施载应力波方式模拟爆破外，一些模拟软件内置了炸药模型和对应的状态方程。LS-DYNA是一款基于显式算法的大型非线性有限元程序，该程序不仅可用于模拟复杂的结构问题，更适合于求解高速碰撞、侵彻、爆炸冲击等非线性力学问题。

ANSYS/LS-DYNA程序以Lagrange算法为主，兼有ALE算法和Euler算法等。Lagrange算法多用于固体结构的应力应变分析，该算法中所建网格和分析的结构是一体的，有限元节点即为物质点。Euler算法中网格和分析的结构是相互独立的，在整个计算过程中的精度不变，但对于物质边界捕捉困难。ALE算法兼具Lagrange算法和Euler算法二者的特长，不仅能有效跟踪物质边界的运动，同时内部网格独立于分析的结构。本次爆破模拟中，采用内置的炸药模型和状态方程，采用ALE流固耦合算法进行爆破模拟。首先设定单元生死准则，以EROSION命令剔除已损坏的岩体单元，进而模拟裂缝的扩展过程。

3.3.2.2　模拟理论基础

模拟研究的基础为理论，以 LS-DYNA 中的实体单元为例，从控制方程、单元离散化、沙漏控制和步长控制等方面对本次模拟的理论基础进行简介[107]。

A　基本控制方程

（1）运动方程。LS-DYNA 中以时间描述质点位置，设初始坐标 $X_j(j=1, 2, 3)$，t 时刻的坐标为 $x_i(i=1, 2, 3)$，则运动方程可表示为：

$$x_i = x_i(X_j, t) \tag{3-9}$$

（2）动量方程为：

$$\sigma_{ij,j} + \rho f_i = \rho \ddot{x}_i \tag{3-10}$$

式中，σ_{ij} 为 Cauchy 应力；ρ 为当前质量密度；f_i 为单位质量体积力；$\ddot{x}_i$ 为加速度。

其位移边界条件为：

$$x_i = \bar{x}_i \tag{3-11}$$

式中，$\bar{x}_i$ 为在位移边界上作用的函数。

应力边界条件为：

$$\sum_{j=1}^{3} \sigma_{ij} n_j = \bar{T}_i \tag{3-12}$$

式中，n_j 为现时构形边界；$\bar{T}_i$ 为作用在边界上的面力载荷。

（3）质量守恒方程为：

$$\rho V_i = \rho_0 \tag{3-13}$$

式中，V_i 为相对体积；ρ_0 为初始质量密度。

B　空间有限元的离散化

在计算过程中采用节点坐标插值，将单元内任意点的坐标表示为：

$$x_i(\xi, \eta, \zeta, t) = \sum_{j=1}^{8} \phi_j(\xi, \eta, \zeta) x_i^j(t) \tag{3-14}$$

式中，ξ、η、ζ 为自然坐标；$x_i^j(t)$ 为 t 时刻坐标值；$\phi_j(\xi, \eta, \zeta)$ 为形状函数，可表示为：

$$\phi_i(\xi, \eta, \zeta) = \frac{1}{8}(1 + \xi\xi_j)(1 + \eta\eta_j)(1 + \xi\xi_j) \quad j = 1,2,3 \tag{3-15}$$

式中，ξ_j，η_j，ζ_j 为单元第 j 节点的自然坐标。

单元节点坐标矢量可表示为：

$$\{x\}^{eT} = [x_1^1, x_2^2, x_3^3, \cdots, x_1^8, x_2^8, x_3^8] \tag{3-16}$$

插值矩阵表示为：

$$[N(\xi, \eta, \zeta)] = \begin{bmatrix} \phi_1 & 0 & 0 & \cdots & \phi_8 & 0 & 0 \\ 0 & \phi_2 & 0 & \cdots & 0 & \phi_8 & 0 \\ 0 & 0 & \phi_3 & \cdots & 0 & 0 & \phi_8 \end{bmatrix}_{3 \times 24} \tag{3-17}$$

将结构划分为离散，由虚位移原理获得，则总势能为各离散单元的势能变分之和。

C 单点高斯积分与沙漏控制

为减少求解耗时，在单元分析中，通过等参变换在自然坐标系进行高斯求积：

$$
\int_V g \mathrm{d}V = \int_{-1}^{1}\int_{-1}^{1}\int_{-1}^{1} g(\xi,\eta,\zeta)\,|J|\,\mathrm{d}\xi\mathrm{d}\eta\mathrm{d}\zeta \tag{3-18}
$$
$$
= \sum_{i=1}^{l}\sum_{j=1}^{m}\sum_{k=1}^{n} w_i w_j w_k g(\xi_i,\eta_j,\zeta_k)\,|J|\,(\xi_i,\eta_j,\zeta_j)
$$

式中，w_i、w_j、w_k 为加权系数；J 为等参变换的 Jacobi 矩阵。

计算过程中，单点高斯积分有利于节省存储内存，优化求解时间，但容易引起沙漏模式，造成结果震荡及计算的不准确性。为了控制沙漏模式，在单元各个节点处沿 x_i 轴引入沙漏黏性阻力：

$$
f_{ik} = -a_k \sum_{j=1}^{4} h_{ij}\Gamma_{jk} \tag{3-19}
$$

式中，h_{ij} 为沙漏模态的模。

因此，将各单元的沙漏黏性阻尼力组成向量，代入离散化的运动方程可得到：

$$
M\ddot{x} = P - F = H \tag{3-20}
$$

在计算过程中，采用如上方式后，沙漏模态在一定程度上得到控制，不仅计算简单，还能显著提高计算效率。

D 时间积分和时间步长控制

（1）时间积分。显式中心差分法中，在已知时间步解的情况下，求解 t_{n+1} 时间步，考虑阻尼影响后的运动方程可表示为：

$$
M\ddot{x}(t_n) = P(t_n) - F^{int}(t_n) + H(t_n) - C\dot{x}(t_n) \tag{3-21}
$$

时间积分的算式为：

$$
\begin{cases}
\ddot{x}(t_n) = M^{-1}\big[P(t_n) - F(t_n) + H(t_n) - c\dot{x}\big](t_{n-1/2})\big] \\
\dot{x}(t_{n+1/2}) = \dot{x}(t_{n-1/2}) + \dfrac{1}{2}(\Delta t_{n-1} + \Delta t_n)\ddot{x}(t_n) \\
x(t_{n+1}) = x(t_n) + \Delta t_n \dot{x}(t_{n-1/2})
\end{cases} \tag{3-22}
$$

式中，$t_{n-1/2} = (t_n + t_{n-1})/2$；$t_{n+1/2} = (t_{n+1} + t_n)/2$；$\Delta t_{n-1} = (t_n - t_{n-1})$；$\Delta t_n = (t_{n+1} - t_n)$；$\ddot{x}(t_n)$、$\dot{x}(t_{n+1/2})$、$x(t_{n+1})$ 分别是 t_n 时刻、$t_{n+1/2}$ 时刻、t_{n+1} 时刻的节点坐标矢量。

（2）时间步长控制。为保证显示中心差分的收敛性，本次模拟采用变步长的积分法，由网格中的最小单元决定时间步选择。先计算每一个单元的极限时间步长，下一时步长 Δt 取极小值：$\Delta t = \min(\Delta t_{e1}, \Delta t_{e2}, \cdots, \Delta t_{em})$。可以发现，几何尺寸最小的单元控制着时间步长，可以通过调整单元密度，使用质量缩放，达到合适的时间步。

3.3.2.3 炸药和岩体材料计算模型

LS-DYNA 程序提供了高能炸药材料模型和状态方程，可较为准确地反映炸药的爆破过程及对围岩的影响。本次模拟采用 *MAT_HIGH_EXPLOSIVE_BURN 高能爆炸模型。

A 炸药材料控制方程

炸药爆破后的炮轰波波阵面满足如下方程[108]：

$$\begin{cases} \rho_D = \dfrac{k+1}{k}\rho_e \\[2mm] u_D = \dfrac{1}{k+1}D \\[2mm] C_D = \dfrac{k}{k+1}D \\[2mm] p_D = \dfrac{1}{k+1}\rho_e D^2 \end{cases} \tag{3-23}$$

式中，ρ_D、u_D、C_D、p_D 分别为爆轰产物的密度、质点速度、声速和压力；k 为多方指数；D 为炸药的爆速；ρ_e 为炸药密度。

爆轰产物的质量方程为：

$$\frac{\partial p}{\partial t} + \Delta(\rho u) = 0 \tag{3-24}$$

爆轰产物的能量方程为：

$$\frac{\partial}{\partial t}\left[\rho\left(e + \frac{u^2}{2}\right)\right] = -\nabla\left[\rho u\left(\rho u + \frac{p}{\rho} + \frac{u^2}{2}\right)\right] \tag{3-25}$$

高能炸药起爆后，炸药单元体内的压力由状态方程控制，本次模拟采用 JWL 状态方程：

$$p_{cos} = A\left(1 - \frac{\omega}{R_1 V}\right)e^{-R_1 V} + B\left(1 - \frac{\omega}{R_2 V}\right)e^{-R_2 V} + \frac{\omega E}{V} \tag{3-26}$$

式中，V 为相对体积；E 为内能参数；A、B、R_1、R_2、ω 为常数。

B 岩体材料模型及控制准则

LS-DYNA 中常用于描述岩体弹塑性材料本构定义包含在 *MAT PLASTIC KINEMATIC 模型中，采用以有效应力描述的最大拉应力破坏准则和 Mises 破坏准则。

最大拉应力破坏准则中，当单元的最大拉应力达到材料在单向拉伸时断裂破坏的极限应力值就会发生破坏，即：

$$\sigma_{\mathrm{t}} > \sigma_{\mathrm{td}} \tag{3-27}$$

式中，σ_{t} 为岩体中任意一点在爆炸荷载下所受的拉应力；σ_{td} 为岩体单轴动态抗拉强度。

Mises 有效应力破坏准则认为，当有效应力大于动态抗压强度时，单元失效，即：

$$\sigma_{\mathrm{VM}} > \sigma_{\mathrm{cd}} \tag{3-28}$$

式中，σ_{cd} 为岩体单元单轴动态抗压强度；σ_{VM} 为岩体中任意一点的 Von Mises 有效应力，计算式为：

$$\sigma_{\mathrm{VM}} = \frac{1}{\sqrt{2}} \sqrt{(\sigma_1 - \sigma_2)^2 + (\sigma_2 - \sigma_3)^2 + (\sigma_3 - \sigma_1)^2} \tag{3-29}$$

本次数值模拟中，引入 Erosion 算法，当单元的应力或应变状态达到算法中确定的判别准则时，单元失效，该过程是不可逆的。因此，当单元失效后，即将其删除，达到单元生死控制的目的。

3.3.2.4 模型结果对比分析

本次模拟同样进行自由爆破和聚能爆破两种方案。自由爆破中孔内不进行处理，聚能爆破中孔内安装聚能管，岩体参数和聚能管参数与施载应力波方式模拟时一致，几何模型及网格划分情况如图 3-9 所示。

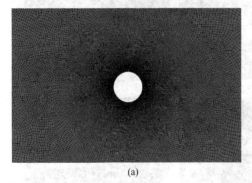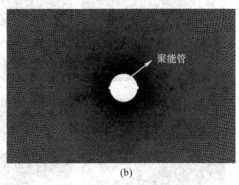

(a)   (b)

图 3-9 基于 ALE 算法的数值计算几何模型

(a) 自由爆破模式；(b) 聚能爆破模式

A 裂纹扩展对比分析

基于 ALE 算法的自由爆破模拟裂纹扩展如图 3-10 所示。可以发现，与采用施载应力波方式模拟结果类似，当爆破不被控制时，裂缝向西周扩展，扩展方向比较随意。Step_30 时孔围即出现明显微裂纹，随着计算步增多，裂纹整体沿着垂直于孔圆周方向扩展，扩展过程中有明显分叉行为。Step_60 时裂纹扩展长度已基本达到爆破孔直径长度，Step_100 之后，裂纹增长开始变缓，只有尖端有少

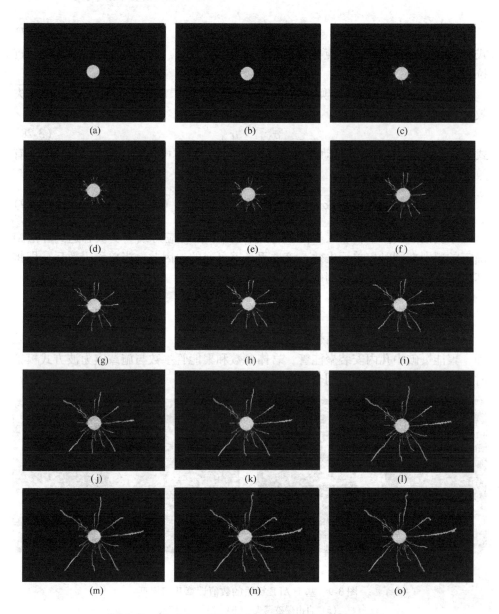

图 3-10 基于 ALE 算法的自由爆破裂纹扩展演化过程

(a) Step_10; (b) Step_20; (c) Step_30; (d) Step_40; (e) Step_50;
(f) Step_60; (g) Step_70; (h) Step_80; (i) Step_90; (j) Step_100;
(k) Step_110; (l) Step_120; (m) Step_130; (n) Step_140; (o) Step_150

量增长，最终约有 7 条沿圆周方向的主裂隙生成。可见，该种爆破模式下，巷道顶板极易被碎块化，破坏原有的完整性，影响留巷稳定性。

与自由爆破方案形成鲜明对比，当爆破孔内安装有聚能管后，裂隙按照既定方向扩展，如图 3-11 所示。Step_50 时裂隙即开始扩展，扩展方向始终沿着聚能方向扩展，单根裂隙扩展延伸长度明显大于非聚能爆破时的任何一根裂隙。可见，基于 ALE 算法的爆炸模拟方法同样验证了聚能张拉爆破模式的有效性。

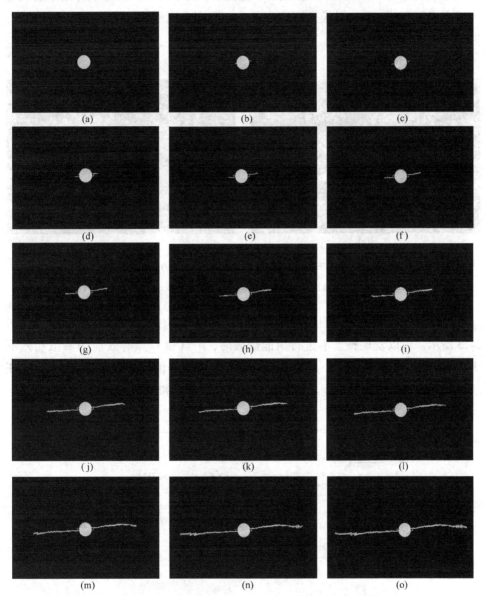

图 3-11 基于 ALE 算法的聚能爆破裂纹扩展演化过程

（a）Step_10；（b）Step_20；（c）Step_30；（d）Step_40；（e）Step_50；
（f）Step_60；（g）Step_70；（h）Step_80；（i）Step_90；（j）Step_100；
（k）Step_110；（l）Step_120；（m）Step_130；（n）Step_140；（o）Step_150

B　有效应力对比

模拟过程中发现，自由爆破和聚能爆破模式下除了裂纹扩展规律明显不同，单元有效应力（effective stress）也有一定区别。为了探究不同爆破方案下有效应力时变规律，对两种爆破模式下距炸药中心距离相同的单元有效应力进行监测，监测点布置如图 3-12 所示。

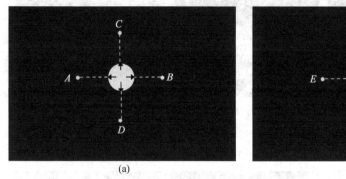
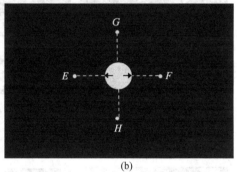

(a)　　　　　　　　　　　　　　(b)

图 3-12　基于 ALE 算法的爆破模拟有效应力监测点布置

（a）自由爆破模式；（b）聚能爆破模式

非聚能爆破模式下孔围四点（A、B、C 和 D）有效应力时程监测曲线如图 3-13 所示。可以发现，当不进行聚能爆破时，A 点和 C 点有效应力峰值相差不大，应力变化趋势相似，C 点应力峰值较 A 点应力峰值仅增大了仅 2.6%，验证了非聚能爆破时爆破孔四周应力扩展规律相似。B 点和 D 点有效应力峰值分别为

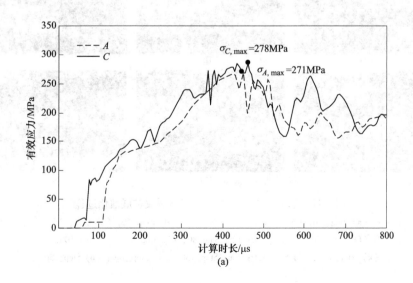

(a)

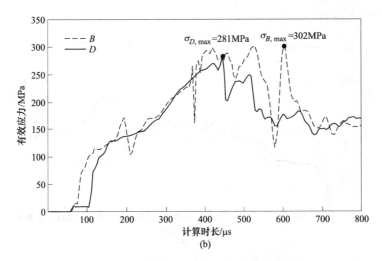

图 3-13 自由爆破模式下有效应力监测结果

(a) A、C 点监测结果；(b) B、D 点监测结果

281MPa 和 302MPa，应力峰值略有差异，主要原因可能是地应力等因素影响。自由爆破模式下有效应力监测表明，在孔周围岩体岩性相同的情况下，孔围应力波向四周均匀扩展，在两侧地应力相近的情况下，孔四周裂缝扩展较为均匀，裂缝会延伸至巷道顶板内，影响其稳定性。

与之形成鲜明对比的是，当爆破孔进行聚能控制后，孔周围应力分布有较大差别。如图 3-14（a）所示，E 点和 G 点分别位于聚能方向和非聚能方向，爆破过程中，E 点最大有效应力为 567MPa，而 G 点有效应力峰值减少了约 58%，仅为 236MPa。F 点（聚能方向）和 H 点（非聚能方向）有相似的变化规律。由此发现，聚能爆破后，能量于聚能方向更为集中，导致作用力增大，从而有效促进裂隙扩展。

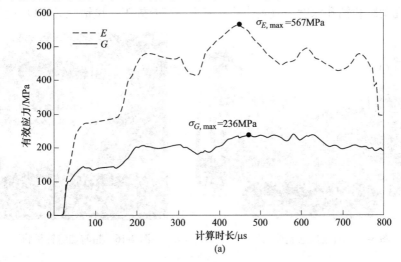

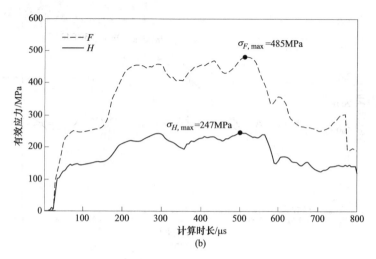

图 3-14 聚能爆破模式下有效应力监测结果

(a) E、G点监测；(b) F、H点监测

3.4 定向预裂切顶配套装备

3.4.1 定向预裂切顶钻机

顶板定向预裂切缝装备主要包括切缝钻机、双向聚能张拉爆破管和专用定向及固定装置等。具体要求如下所述。

顶板定向预裂切缝须采用专用钻机进行钻孔施工，该钻机是根据切顶卸压技术要求和现场工程实际情况，专门研制的系列配套切顶钻机，如图 3-15 所示，施工现场如图 3-16 所示。切顶钻机能够根据设计要求准确确定顶板预裂钻孔角度、钻孔间距和钻孔深度，做到快速、安全、高效施工。该钻机具有以下特点：

图 3-15 自动成巷超前切缝钻机

图 3-16 超前切缝钻机施工

（1）结构合理紧凑、动作灵活，定位切缝孔时，操作简单。该设备体积小、采用履带行走，具有良好的通过性。

（2）2部钻机可独立旋转，能够满足钻孔轴线与铅垂线夹角的要求；当液压钻车处于斜坡上时，通过摆动机构对钻机的调整，可满足所有钻孔平行度的要求；避免出现交叉孔、钻孔轴线与铅垂线夹角不符合要求等原因造成顶板垮落不充分。

（3）侧向移动机构对钻机的驱使，满足所有钻孔在一条直线，使顶板沿预裂切缝线切落后成巷质量较好。

（4）钻机配备大扭矩马达，可提高钻孔效率。钻机配备钻杆夹持机构、钻机支顶装置，能够方便钻杆的装卸及钻杆的导向，降低工人的劳动强度且成孔质量较好，易于装入爆破聚能管。

如图3-17所示，钻车由驱动轮、张紧轮、履带、行走架等构成。底架采用箱式结构，整个底盘小巧、轻便，便于运输。行走装置每条履带装有独立驱动的液压马达，液压马达驱动链轮带动履带旋转，使设备移动行走。机器转弯时，用操作手柄控制液压行走马达的转向，方便灵活，可实现就地转弯或行走转弯。机

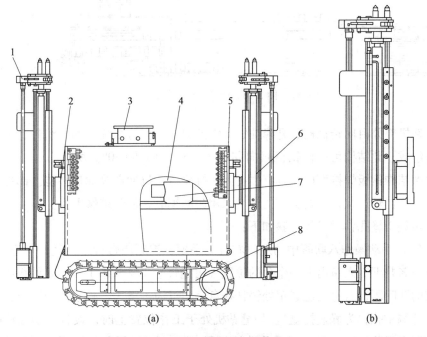

图3-17　超前切缝钻机结构原理

（a）结构原理图；（b）钻机部分

1—左锚杆钻机；2—左立板组件；3—电控系统；4—主架体；5—右立板组件；

6—右锚杆钻机；7—液压泵站；8—行走部

器转弯时，两行走马达同时供油且旋转方向相反，可实现就地90°转向，不允许一侧液压行走马达供油旋转，另一侧停止不动，机器则绕着此履带转向。履带式底盘结构如图3-18所示。

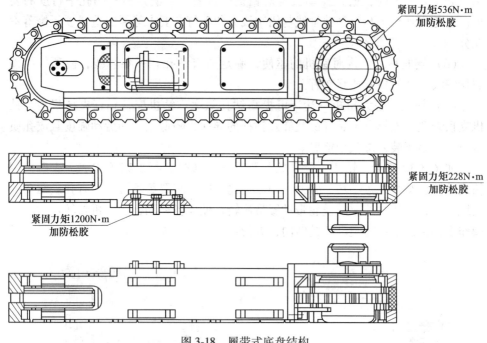

图3-18 履带式底盘结构

钻机部分由回转机构、升降油缸、链条油缸、夹持系统、动力组件、钻机横移等组成，此结构可以使钻机倾向移动350mm，回转±30°。所有组焊结构采用高强度结构钢板焊接而成，具有强度高、抗疲劳、抗冲击等优良性能。部件总成之间采用销轴连接，重要关节的轴套采用耐磨铜套，便于维修更换。

预裂切缝孔钻进操作步骤如下：

（1）手动操作八联阀中的左、右行走手柄，控制履带行走马达，推进设备，同时一名井下工人量出下一个孔的位置（可通过量出钻头距上一个孔的距离满足要求的孔间距，若打孔位置正处锚杆托盘处，可通过增大、减小孔间距或在托盘的里外侧钻孔，为躲避托盘）。切缝钻机处于工作位置上时，设备距切缝线距离应控制在平移油缸行程内（平移油缸行程：351mm），平移油缸可分别带动前后两部钻机寻找切缝线，以保证所有孔均在切缝线上（注：行走马达分别由两组阀控制，设备会出现行走偏差；施工侧帮不齐的现象或躲避底板与侧帮连接处的R弧，设备处于下个工作位置时，应调整好两钻机距切缝线距离）。

（2）调整切缝钻机角度。观察立板角度盘是否指示零刻线，立板角度的调整可以保证所有切缝孔的平行度，尤其在设备处于上下坡的地段，避免出现两孔的交叉的情况。若立板角度盘不指示零刻线，操作七联阀中的斜拉操作手柄，让立板指示零刻线（注：每个工作循环，均要观察立板角度盘是否指零，保证所有孔与重垂线平行，可调整角度≤10°）。观察钻机角度盘是否指示孔的要求角度，若角度盘的刻度不指示孔的要求角度，分别操作七联阀、八联阀的旋转手柄，使钻机底座指示所打孔的要求角度。

（3）所打孔成线调整。单独操作七、八联阀的平移手柄，两个平移油缸分别带动两部装有钻杆的钻机，使得钻头位于切缝线上（检查钻头是否准确地位于切缝线上，可操作七、八联阀的钻机手柄，钻机带动钻杆上下运动。检查定位是否准确，若定位偏差过大，可重新调整）。

（4）钻机撑顶。分别操作七、八联阀的滑架手柄，使得两钻机的夹持器顶尖同时顶实巷道顶板（注：两部钻机同时顶实巷道顶板，在钻机钻进过程中，设备的稳定性较好成孔角度、质量较好，同时避免钻进时造成设备的振动及马达组件内的轴承的损坏）。

（5）钻进。分别操作七、八连阀中的夹持器手柄，夹持器夹紧钻杆后，略松夹持器开口，开口大小保证钻杆旋转钻进时的顺畅；打开水阀供水；操作"马达"手柄，使马达正转；操作"钻机"手柄，推进马达钻孔，当钻杆推进深度达到300~400mm，操作七、八联阀中的夹持器手柄，使夹持器完全打开后，继续钻进，第一根钻杆完全钻进后，夹持器夹紧钻杆，操作"钻机"手柄，钻机马达退下；接另一根钻杆，直到钻眼深度满足要求；关闭水阀，关闭马达。

（6）卸钻杆。分别操作七、八联阀中的"钻机"手柄，钻杆随马达退到滑架最下部；再次操作七、八连阀中的"钻机"手柄，马达上升40~60mm，再将马达退回至滑架最下部，夹持器夹紧钻杆，马达反转，将钻杆卸下（注：留有40~60mm的空间，使钻杆可以退出螺纹的旋合部分）。

（7）全部卸完钻杆后，进入下一个工作循环。

3.4.2 预裂爆破切缝装置

顶板定向预裂切缝装备主要包括切缝钻机、双向聚能张拉爆破管和专用定向及固定装置等。具体要求如下所述。

顶板定向预裂切缝必须采用专用聚能张拉爆破管进行施工，根据顶板围岩岩性和强度的不同，采用配套的聚能张拉爆破管。结合煤矿现场工程地质条件，设计了不同类型的聚能张拉爆破管。顶板定向预裂切缝须采用与聚能张拉爆破管配套的连接器和定向器进行施工，如图 3-19（b）所示，利用专用连接定向器将多个聚能管通过定向销连接。为防止聚能管装入爆破孔过程中转动，利用专用固定器（Fixer-42 型）将聚能管固定在孔内。

(a)　　　　　　　　　　　　　　(b)

图 3-19　聚能爆破管及连接装置

（a）聚能管；（b）聚能管连接件

3.4.3　高效快速封孔装置

除了采用常规的炮泥封孔外，研发了深孔高药量条件下的注浆封孔器及封孔材料。该封孔装置主要由注浆管、爆破阀、囊袋、堵头、瓦斯抽放管等构成，如图 3-20 所示。矿用封孔器的注浆管与注浆泵连通，浆液因注浆压力进入注浆管，由于单向阀的作用浆液进入囊袋 1 及囊袋 2，囊袋迅速膨胀，将囊袋的外径紧固在煤层孔壁上；当压力大于设定值时，爆破阀爆破，液浆将两个囊袋中间的部分充满，进而实现多层密封。

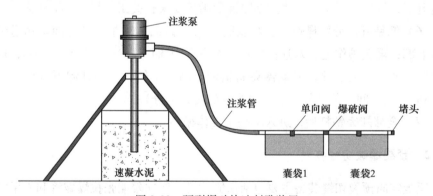

图 3-20　预裂爆破快速封孔装置

具体实施步骤如下：

（1）准备气动注浆泵、风管、封孔器、封孔材料管；（2）将封孔器与回浆管固定，然后将封孔器、回浆管及两个囊袋放入孔中，端部囊袋放入封孔初始位置，中间囊袋放在孔口位置；（3）将封孔器与注浆泵出浆口连通；（4）注浆泵连接风源，打开气动搅拌器，水与封孔材料按照比例加入搅拌桶内，搅拌均匀开始注浆；（5）当两个囊袋注满后，注浆管内压力达到设定压力值时，爆破阀会自动爆破，浆液在爆破阀位置于两个囊袋范围内（封孔范围）进行注浆，当两个囊袋范围内（封孔范围）注浆完成后，浆液会从回浆管流出，此时说明注浆封孔完成。

4 沿空动压巷道卸压控制典型工程应用

根据前文提出的不同类型沿空动压巷道围岩控制思路方法，本章主要分析了留设煤柱开采减弱本工作面采空区顶板动载压力、留设煤柱开采切断上一工作面采空区顶板静载压力、切顶卸压无煤柱自成巷开采沿空动压巷道控制等典型工程应用。以特厚煤层综放开采、特大采高综采、深井高应力区开采、构造高应力区开采等为背景，总结了高应力沿空动压巷道控制现场工程应用，通过关键参数设计和矿压监测评价，明确高应力环境卸荷规律，形成了高应力沿空动压巷道围岩控制技术体系。

4.1 典型应用一：特厚煤层综放开采

4.1.1 工程概况

4.1.1.1 矿井概况

曹家滩井田位于陕西省榆林市北部，行政区划隶属榆林市榆阳区金鸡滩乡、大河塔乡及神木市大保当镇管辖。地理坐标为东经 109°48′02.61″～110°00′22.11″，北纬 38°32′27.12″～38°40′47.03″。曹家滩井田位于鄂尔多斯高原东北部，陕北黄土高原北部，毛乌素沙漠东南缘，为沙丘沙地和风沙滩地、黄土梁峁地貌。井田内最高处位于北部的石庙梁，标高 1352.2m，最低处位于东部野鸡河沟田家圪台，标高约 1223.30m，最大高差 128.9m，一般标高 1290m。

沙丘沙地：分布于井田中西部大面积区域，由流动、固定、半固定沙丘及沙丘链，长条形沙垄和沙滩，平缓的沙地等交错组成，约占全区面积的 4/5，总体以方向不一、大小不等、连绵起伏地呈链状或垄状沙丘为主，沙丘高度低者 2～3m，高者 30m 有余，一般 10～20m。

风沙滩地：主要分布在小兔兔、啦嘛滩、啦啦堡一带。地表形态主要表现为较平坦的滩地，四周被沙丘包围，组成物质一般为萨拉乌苏组的沙及亚砂土，加之区内潜水位埋藏较浅，仅 1～3m。浇灌条件良好，田间地头、水渠、公路两侧多生长有高大乔木，这里夏季水草丰茂，树木成行，其间时有天然海子和人工池塘存在，是当地稳定的高产农作物耕作区。

黄土梁峁地貌：主要分布于井田东南部野鸡河一带，为黄土片沙覆盖区，显示黄土冲蚀地貌，沟谷较发育。梁岗和沙漠滩地多呈缓坡相接，坡度较缓，梁岗坡面多发育细沟和浅沟，表层多被风积沙覆盖，沙层很薄，局部裸露。占井田面积的 0.1%。

井田分属秃尾河流域及榆溪河流域，大致沿石步梁—大柠条湾—白草界—啦啦堡一带构成一西北—东南向的分水岭，将井田内潜水划分为东西两个相对独立的水文地质单元，西南部属榆溪河流域，东北部属秃尾河流域。井田东南有野鸡河、高羔兔沟两小沟流，为秃尾河支流，属季节性沟流，在沟流的下游因老乡农灌截流常出现断流，两沟汇合后平均流量为 4359.66m³/d。该井田外围东南部有田家沟及尚家沟，属季节性沟流，年均流量约为 25×10⁴m³/a。另外井田原有一些海子多数已经干枯，现存的一些海子（大坟滩海子、大兔兔海子、乌鲁素海子、小坟滩海子）水位不深，蓄水量不大，以大坟滩海子蓄水量最大，约为 7.51×10⁴m³。井田内的水库不多，有高羔兔水库、野鸡河水库、奢吓不啦湾水库，以高羔兔水库蓄水量最大，约为 12.11×10⁴m³，最大库量为 21×10⁴m³。

4.1.1.2 试验工作面概况

A 工作面基本情况

122108 工作面长 280m，走向长度为 5910m，采用综采放顶煤开采工艺，采 5.8m，放 5~6m，2-2 煤层平均厚度为 10.25m，倾角为 0°~5°，埋深为 300~363m，工作面具体参数见表 4-1，122108 工作面切顶卸压试验位置见图 4-1。

表 4-1 曹家滩煤矿 122108 工作面基本情况

埋深/m	300~363	2-2 煤厚度/m	平均厚度 10.25
煤层倾角/(°)	0~5	采高/m	综放开采工艺，采 5.8m，放 5~6m
煤层硬度	1~2	煤层节理	不发育
煤尘爆炸性	有爆炸危险性	自然发火类型	Ⅰ类自燃
工作面走向长度/m	5910	工作面倾向长度/m	280
试验段长度/m	400	初次来压步距/m	100
来压时最大强度/MPa	47	周期来压步距/m	30~40
工作面涌水	预计正常涌水量为 50m³/h，最大涌水量为正常的 1.5 倍，即 75m³/h	工作面瓦斯富含情况	绝对瓦斯涌出量达 1.17m³/min，相对瓦斯涌出量达 0.785m³/t

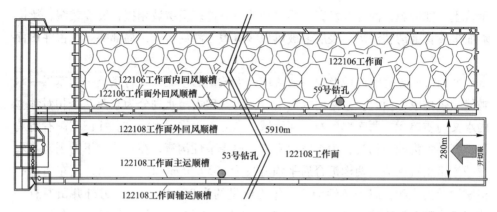

图 4-1 122108 工作面切顶卸压试验位置

B 煤层及顶底板岩性

区内构造简单，煤层产状平缓，三维地震勘探全区共解释断层 2 个，均为正断层，由南向北依次命名为 DF1、DF2，走向 EW，倾向 N，断层落差均小于 5m。断层描述见表 4-2。

表 4-2 区内断层情况表

断层编号	走向	倾向	倾角/(°)	落差/m	性质	延展长度/m	错断煤层	控制程度
DF1	EW	N	78	0~3	正	860	2-2 煤	不参与评价
DF2	EW—NWW	S—SSW	72	0~4	正	1694	所有煤层	不参与评价

开采的 2-2 煤层以直接顶为主，其次为基本顶，伪顶分布最少。直接顶约占井田面积的 49%，直接顶岩性以薄层粉砂岩、细粒砂岩、中厚层泥岩为主，四周薄中西部厚，直接顶厚度一般为 1~3m，最大厚度为 7.37m；基本顶分布约占井田面积的 42%，基本顶岩性以厚层节理不发育、整体均质的粉砂岩、细粒砂岩、中粒砂岩为主，中部厚而四周薄，厚度达 3.87~34.37m；伪顶约占井田面积的 9%，岩性以砂质泥岩、炭质泥岩为主，在井田内零星分布。

C 试验巷道基本情况

122108 回风顺槽断面为：5.6m×4.35m＝24.36m²；巷道采用沿煤层底板方式掘进，预留 600mm 底煤至巷道设计高度。净宽 5600mm，净高 4350mm，断面积约为 24.36m²。122108 工作面回风顺槽布置在 2-2 煤层中，2-2 煤层为单斜构造，呈北西、西北方向微倾赋存，巷道掘进范围内地质构造简单，沿掘进方向煤层倾角不大，倾角为 0°~5°，122108 工作面回风顺槽巷道采用锚网+锚索+W 钢带+W 钢护板联合支护。

（1）锚杆形式与规格：巷道顶部、巷道帮部采煤侧与非采煤侧采用 φ20mm×

2400mm 左旋无纵筋 335 号螺纹钢筋，杆尾螺纹为 M22，螺纹长度不低于 150mm，配高强度螺母。采用拱形高强度托盘，力学性能与锚杆匹配，钢号不低于 Q235，规格为 150mm×150mm×10mm，拱高不低于 34mm，配调心球垫和减阻尼龙垫圈。锚杆间排距力 1000mm×1000mm，每根锚杆使用一节 MSCK2380 型树脂药卷一卷，锚杆扭矩不小于 200N·m；锚杆锚固力不小于 100kN。

（2）锚索形式与规格：顶部用 φ17.8mm×6500mm 的钢绞线，间排距为 2000mm×2000mm，每排 2 根锚索，托板由 250mm×250mm×20mm 的钢板制作，每根锚索使用 2 节 MSCK2380 型树脂药卷，锚索锚固力不应小于 240kN，预紧力不低于 150kN。

（3）W 钢带规格：为增大顶部锚杆支护表面积，增强护顶效果，顶部每排锚杆搭配 W 钢带，钢带型号为 BHW-280-2.75。

（4）W 钢护板规格：为增大帮上部锚杆护表面积，增强护帮效果，帮部上面 3 根锚杆搭配 W 钢护板，规格为长 450mm，宽 280mm，厚 4mm。

（5）金属网形式与规格：顶部、帮部采用 φ6.0 钢筋焊接而成的钢筋网，网孔为 100mm×100mm。

（6）铺底砼强度等级为 C30，厚度为 200mm。

曹家滩煤矿 122106 工作面为首采工作面，122108 工作面为接续工作面。在特大采高条件下，受 122106 工作面开采强扰动影响，本来计划再次服务于 122108 工作面的 122106 外回风顺槽已严重变形，无法再次使用。相邻的 122108 工作面回风顺槽底鼓和帮部也出现变形，部分巷道底板出现开裂，翘起等现象，严重影响正常运输和行人，如图 4-2 所示。曹家滩煤矿后续开采工作面的巷道均

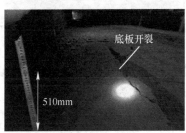

图 4-2 曹家滩矿井沿空动压巷道现场破坏情况

会遭受本工作面的强采动影响和相邻工作面的覆岩压力影响。除了曹家滩煤矿，我国多数矿井的巷道易遭受到相邻工作面的采动影响，尤其当采高较大且顶板易形成传力结构时，极易形成矿震事件及冲击现象，巷道变形更为严重，带来生命和财产损失。

4.1.2 方案设计

以"切顶卸压+NPR 吸能锚索支护"为核心思想，通过预裂切缝爆破，在局部范围切断工作面顶板应力传递，减弱巷道顶板压力和巷帮支承压力。为了避免切顶造成的巷道不稳定性，利用 NPR 锚索进行补强加固，控制顶板下沉，减少巷道变形。

4.1.2.1 理论分析

切顶卸压技术应用成功的关键是确定合理的切顶参数，切顶参数主要包括切顶高度和切顶角度。切顶卸压技术可以减小厚硬基本顶所形成的悬臂梁长度，进而减小悬臂梁结构对上覆岩层载荷的传递作用，保证巷道围岩的稳定性。切顶高度和切顶角度在切顶卸压技术中扮演着不同的作用：（1）切顶高度的作用是切断顶板之间的联系，在周期来压、恒阻锚索和单体支柱上拉下支的作用下，使厚硬顶板沿切缝面切落，防止巷道顶板形成较长的悬臂梁结构，造成巷道围岩变形剧烈和应力集中。合理的切顶高度应保证切断工作面顶板和巷道顶板之间的应力传递路径。（2）由于煤矿进行切顶卸压基本采用爆破方式产生切缝面，而岩体属于各向异性介质，同时内部存在大量的节理裂隙，导致爆破作用很难产生平整光滑的弱面，故合理的切顶角度可以减小悬臂梁垮落时对巷道顶板的附加作用力，同时便于现场施工。

为量化切顶高度和切顶角度对围岩稳定性的影响，结合曹家滩煤矿 122108 工作面具体参数，建立切顶围岩稳定性控制的力学模型，如图 4-3 所示。

由图 4-3 可知：为保证悬臂梁结构顺利垮落，同时考虑到岩体的抗拉强度小于抗压强度和抗剪强度，则基本顶岩层未贯穿面（h_0）的拉应力应大于其抗拉强度，即：

$$\sigma > \sigma_t \tag{4-1}$$

式中，σ 为未贯穿面上的拉应力，MPa；σ_t 为基本顶岩层的抗拉强度，MPa。

对于未贯穿面处的拉应力 σ，取切缝面末端的 O 点为原点，则原点位置处的拉应力计算公式为：

$$\sigma = \frac{M}{W} \tag{4-2}$$

式中，M 为未贯穿面处的弯矩，N·m；W 为未贯穿面处的抗弯截面系数。弯矩

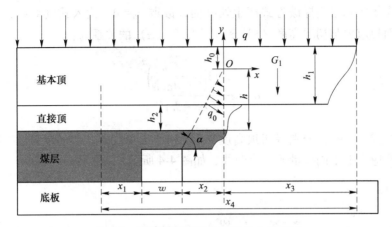

图 4-3 切顶围岩稳定性控制的力学模型

M 和抗弯截面系数 W 计算按式（4-3）和式（4-4）计算：

$$M = \frac{qx_3^2 + \rho h_1 g x_3^2}{2} - \frac{q_0 h^2}{3\sin^2\alpha} \tag{4-3}$$

$$W = \frac{h_0^2}{6} \tag{4-4}$$

式中，q 为上覆岩层的载荷集度，N/m；q_0 为切缝面左侧对右侧的作用力，N；ρ 为基本顶岩层的密度，kg/m^3；x_3 为悬臂梁端点到 O 点的水平距离，m；h_1 为基本顶厚度，m；h_0 为未贯穿面高度，m。

对于 h_0 和 x_3 的大小可由式（4-5）~式（4-7）求得：

$$x_3 = x_4 - x_1 - w - x_2 \tag{4-5}$$

$$x_2 = \frac{h}{\tan\alpha} \tag{4-6}$$

$$h_0 = h_1 + h_2 - h \tag{4-7}$$

式中，x_4 为基本顶在侧向的断裂跨度，m；x_2 为切顶线末端水平投影位置到巷道帮部的距离，m；x_1 为极限平衡区的宽度，m；h 为切顶高度，m；α 为切顶角度，(°)；h_1 和 h_2 分别为基本顶厚度和直接顶厚度，m；w 为巷道宽度，m。

联立式（4-3）~式（4-7）可以求得未贯穿面的拉应力 σ，如式（4-8）所示：

$$\sigma = \left[3(q + \rho h_1 g)\left(x_4 - x_1 - w - \frac{h}{\tan\alpha}\right)^2 - \frac{2q_0 h^2}{\sin^2\alpha} \right] \Big/ (h_1 + h_2 - h)^2 \tag{4-8}$$

根据 122108 工作面条件，取 $h_1 = 20.16\text{m}$，$h_2 = 4.92\text{m}$，$w = 5.6\text{m}$，$q = 0.29\text{MPa}$，$\rho = 2600\text{kg/m}^3$；根据查阅文献，确定 $x_4 = 18\text{m}$，$x_1 = 6.4\text{m}$；对于 q_0，

考虑到现场实际采用爆破方式产生切缝面，故取 $q_0 = 0$；代入式（4-7），可确定未贯穿面拉应力与切顶高度（h）和切顶角度（α）的关系为：

$$\sigma = \frac{2.43\left(6 - \dfrac{h}{\tan\alpha}\right)^2}{(29 - h)^2} \tag{4-9}$$

依据式（4-9），分别以切顶高度（h）和切顶角度（α）作为变量，建立未贯穿面拉应力随不同变量的变化曲线，如图 4-4 所示。

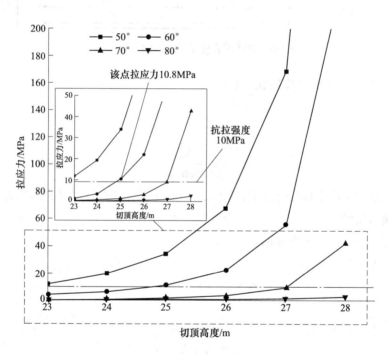

图 4-4　切顶参数对未贯穿面拉应力的影响

由图 4-4 可知，切顶角度一定时，未贯穿面处的拉应力随着切顶高度增大而逐渐增大，且增长速率逐渐加快。当切顶高度一定时，切顶角度与切缝孔深成反比。综合考虑经济效益和切顶效果，切缝角度不考虑 50°以下。根据生产技术科提供的资料显示，曹家滩煤矿 2-2 煤层基本顶岩层抗拉强度平均为 0.71MPa，结合查阅文献资料，基本顶的中粒砂岩抗拉强度基本小于 10MPa。从设计的角度，取基本顶中粒砂岩抗拉强度为 10MPa，当基本顶未贯穿面的拉应力大于 10MPa 时，基本顶即可被切断。

由图 4-4 可知，可以将基本顶切断的参数（大于 10MPa）如表 4-3 所示。

表4-3 基本顶切断参数表

序号	垂高/m	角度/(°)	孔深/m
1	23	50	31
2	24	60	32
3	25	60	29

通过对表4-3进行分析，综合经济效益、施工效率，定向切缝孔最优参数为垂高25m，角度60°，孔深29m此时即可达到切顶目的，但考虑到现场工程应用及保证切顶效果，定向切缝孔最终定位为垂高28m，角度60°，孔深32m，钻孔直径90mm。

当切顶高度一定时，切顶角度与切缝孔深成反比。对于加强爆破孔的布置角度则选取50°，由表4-3可以看出，当垂高为23m，即可将基本顶切断，但加强爆破孔的目的不是切断基本顶，而是起到放顶的作用。因此，加强爆破孔的垂高要≥25m（定向切缝孔垂高）。综上所述，综合经济效益、施工效率，将加强爆破孔最优参数定位为垂高25m，角度50°，孔深33m，钻孔直径90mm。

切顶后采空区垮落岩石碎胀性对上覆岩层的支撑作用在巷道围岩稳定中起着重要作用。垮落的岩石碎胀后要能充分支撑顶板。因此，从碎胀方面对切缝高度进行验算。

预裂切缝深度（H_f）临界设计公式如下：

$$H_f = (H_m - \Delta H_1 - \Delta H_2)/(K - 1) \tag{4-10}$$

式中，ΔH_1 为顶板下沉量，m；ΔH_2 为底鼓量，m；K 为碎胀系数，1.3~1.5；

在不考虑底鼓及顶板下沉的情况下，煤厚取10m，碎胀系数约为1.38，计算得理论切缝垂直高度 $H_f = 27$m。设计方案爆破孔垂高28m，通过式（4-9）验算，可以将基本顶切断，即实际切顶垂高到基本顶上部距离为29m。因此，采空区垮落矸石可以对上覆岩层进行支撑。

由于122108工作面回风顺槽受采动超前应力和煤柱应力集中影响较大，底鼓严重，为此在试验段初步设计100m范围实施底板卸压切缝爆破孔。底板卸压爆破孔垂高2.6m，孔深为3m，与水平夹角为60°，孔径为48mm。

为了便于叙述，用于定向切缝的孔（垂高28m，角度60°，孔深32m，钻孔直径90mm）称为定向切缝孔。用于顶板非定向放顶的孔（垂高25m，角度50°，孔深33m，钻孔直径90mm）称为加强爆破孔。用于底板定向切缝的孔（垂高2.6m，角度60°，孔深3m，钻孔直径48mm）称为底板卸压孔，具体参数如表4-4所示。

表 4-4　预裂切缝参数

切缝孔类型	试验位置/m	试验段长度/m	钻孔直径/mm	切缝倾角/(°)	切缝孔深度/m	切缝垂高/m
加强爆破孔	122108 工作面回风顺槽	400	90	50	33	25
定向切缝孔				60	32	28
底板卸压孔		100	48	60	3	2.6

4.1.2.2　模拟分析

FLAC^{3D}数值模拟软件可以较好地模拟地质材料在达到强度极限或屈服极限时发生的破坏或塑性流动的力学特性，特别适用于分析渐进破坏失稳及模拟大变形，能够模拟岩石、土等材料的屈服、塑性流动、软化直至大变形。在切顶卸压过程中，顶板结构的调整会出现大变形，巷道围岩将会发生屈服甚至塑性流动，而距离自由面较远的煤岩体则仍然处于弹性状态。因此，FLAC^{3D}能够较好地模拟出巷道围岩的应力、应变分布情况，从而有助于分析切顶卸压巷道围岩应力、位移的分布和变化规律。

定向切缝爆破是本项目最主要的控制措施，顶板加强爆破目的是加速顶板垮落，因此，顶板定向预裂爆破是改变围岩应力分布的主要手段，研究定向切顶预裂爆破关键参数是项目成功与否的关键，合理的定向切缝参数对底鼓控制至关重要，定向切缝参数中最重要的是切缝孔深度和切缝孔角度。下面将对切缝孔深度和切缝孔角度进行对比分析。

A　切缝深度参数研究

由于 122108 工作面基本顶为 20m 以上，同时还有直接顶和 5m 左右的煤层，当切缝孔有一定角度时，如果想将基本顶切断，切缝孔深度至少要大于 28m，因此对切缝孔深度进行对比分析时选取 3 组方案，深度分别为 29m、32m、35m，角度均为 60°进行初步分析。对比方案如表 4-5 所示。

表 4-5　切缝深度对比方案设计

方案号	切缝孔深度/m	切缝孔角度/(°)
方案一	29	
方案二	32	60
方案三	35	

模型尺寸均为 725m（长）×400m（宽）×150m（高），模拟煤层埋深为 350m，上边界施加荷载为 6.5MPa 的垂直应力，水平方向施加梯形分布荷载，如图 4-5 所示。下边界垂直方向固定，前后、左右边界水平方向固定。122106 工作

面宽度为350m，122108工作面宽度为280m，122106工作面、122108工作面所有尺寸均按照5.5m（宽）×4.3m（高）设计。其中方案一切缝孔深度为29m，方案二切缝孔深度为32m，方案三切缝孔深度为35m，切缝角度均与水平呈60°，切缝宽为300mm，切缝采用开挖的方式完成。模拟先对122106面进行开挖，工作面开采前先掘出三条巷道，待模型达到平衡后，122106工作面一次性开挖。122106工作面开挖完成后，开挖122108回风顺槽和122108主运顺槽。为了研究切顶卸压效果，122108面开采共400m，前200m开挖不进行切缝，后200m开挖进行超前预裂切缝。首次开挖步距为100m，其余依次为140m、180m、200m。开采到200m后，顶板开始切缝，再继续开采230m、260m、290m、320m、350m、380m、400m。

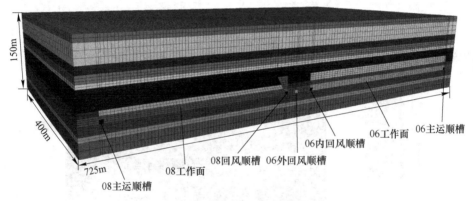

图4-5 数值计算网格模型

（1）方案一：122108面开挖后，当工作面开挖至230m，分别对230m（工作面处）、240m（超前工作面10m）、250m（超前工作面20m）、260m（超前工作面30m）、270m（超前工作面40m）、280m（超前工作面50m）进行垂直应力截图。得到应力截图，如图4-6所示。

（2）方案二：122108面开挖后，当工作面开挖至230m，分别对230m（工作面处）、240m（超前工作面10m）、250m（超前工作面20m）、260m（超前工作面30m）、270m（超前工作面40m）、280m（超前工作面50m）进行垂直应力截图。得到应力截图，如图4-7所示。

（3）方案三：122108面开挖后，当工作面开挖至230m，分别对230m（工作面处）、240m（超前工作面10m）、250m（超前工作面20m）、260m（超前工作面30m）、270m（超前工作面40m）、280m（超前工作面50m）进行垂直应力截图。得到应力截图，如图4-8所示。

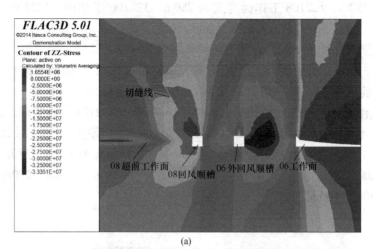

(a)

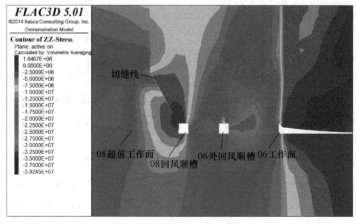

(b)

(c)

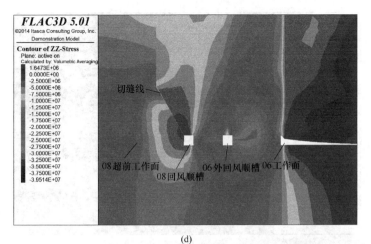

(d)

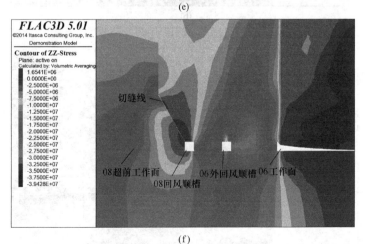

(e)

(f)

图 4-6 方案一垂直应力分布云图

(a) 230m；(b) 240m；(c) 250m；(d) 260m；(e) 270m；(f) 280m

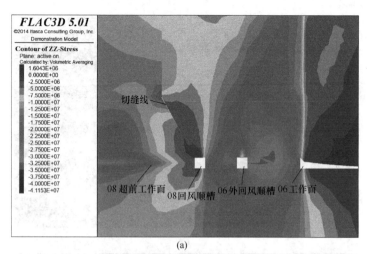

(a)

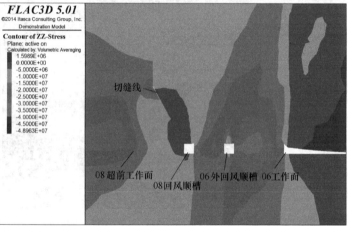

(b)

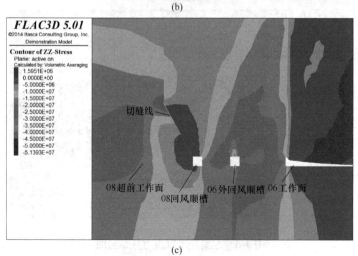

(c)

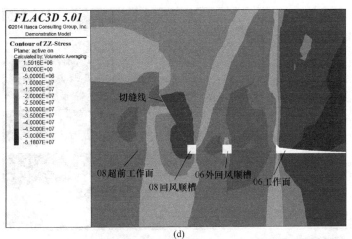

(d)

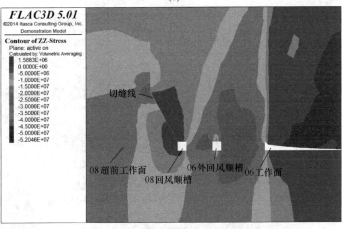

(e)

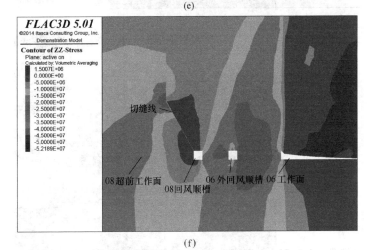

(f)

图 4-7 方案二垂直应力分布云图

（a）230m；（b）240m；（c）250m；（d）260m；（e）270m；（f）280m

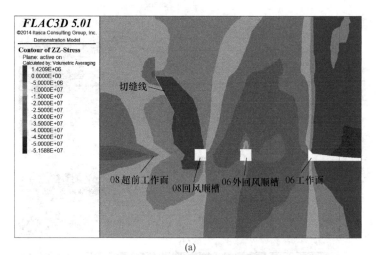

(a)

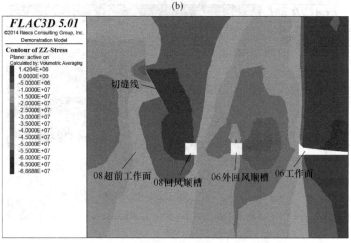

(b)

(c)

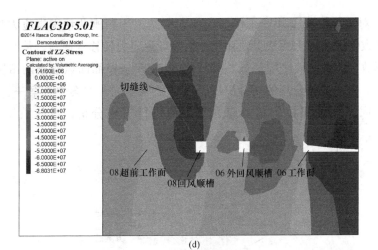

(d)

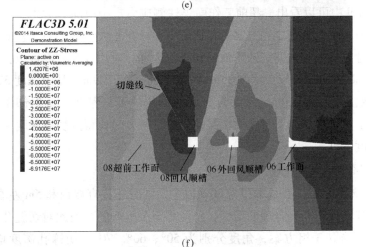

(e)

(f)

图 4-8　方案三垂直应力分布云图

（a）230m；（b）240m；（c）250m；（d）260m；（e）270m；（f）280m

（4）对比分析：122108 工作面底鼓主要是由于顺槽两帮围岩应力集中，两帮的支护致使围岩应力无法得到释放，最终导致应力转移到底板，从底板以底鼓的形式释放，因此想要消除底鼓，需要将 122108 工作面回风顺槽两帮围岩应力集中消除。为了找到合理的切缝深度，将切缝深度三个方案中方案一、方案二、方案三中回风顺槽煤柱侧超前应力集中值进行对比分析，具体数据如图 4-9 所示。

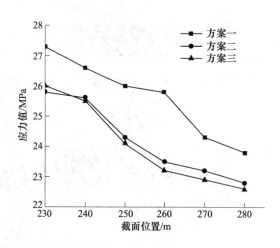

图 4-9　切缝深度方案煤柱侧垂直应力集中值

从图 4-9 中可以看出，超前工作面煤柱侧应力集中值随着远离工作面，应力集中值逐渐减小，方案二和方案三相比于方案一在很大程度上对煤柱侧压力进行了释放，且方案二和方案三卸压效果相当。因此，对比三个方案可以得出，当角度均为 60°时，切缝效果：深度 35m>深度 32m>深度 29m。其中深度 32m、深度 35m 卸压效果远大于 29m。深度为 35m 时卸压效果与深度 32m 时卸压效果区别不大，为了减少现场施工量及火工品使用量，综合对比得到切缝深度为 32m 为最优切缝深度。

B　切缝角度参数研究

由于 122108 工作面基本顶为 20m 以上，同时还有直接顶和 5m 左右的煤层，如果想将基本顶切断，合理的切缝孔角度是至关重要的，因此对切缝孔角度进行对比分析时选取 3 组方案，角度分别为 50°、60°、70°，切缝孔深度均为 32m。对比方案如表 4-6 所示。

表 4-6 切缝角度对比方案设计

方案号	切缝孔角度/(°)	切缝孔深度/m
方案四	50	
方案五	60	32
方案六	70	

模型尺寸均为 725m（长）×400m（宽）×150m（高），模拟煤层埋深为 350m，上边界施加荷载为 6.5MPa 的垂直应力，水平方向施加梯形分布荷载。下边界垂直方向固定，前后、左右边界水平方向固定。122106 工作面宽度为 350m，122108 工作面宽度为 280m，122106 工作面、122108 工作面所有尺寸均按照 5.5m（宽）×4.3m（高）设计。其中方案四切缝孔角度为 50°，方案五切缝孔角度为 60°，方案六切缝孔角度为 70°，切缝孔深度均为 32m，切缝宽为 300mm，切缝采用开挖的方式完成。模拟先对 122106 面进行开挖，工作面开采前先掘出三条顺槽，待模型达到平衡后，122106 工作面一次性开挖。122106 工作面开挖完成后，开挖 122108 回风顺槽和 122108 主运顺槽。为了研究切顶卸压效果，122108 面开采共 400m，前 200m 开挖不进行切缝，后 200m 开挖进行超前预裂切缝。首次开挖步距为 100m，其余依次为 140m、180m、200m。开采到 200m 后，顶板开始切缝，再继续开采 230m、260m、290m、320m、350m、380m、400m。

（1）方案四：122108 面开挖后，当工作面开挖至 230m，分别对 230m（工作面处）、240m（超前工作面 10m）、250m（超前工作面 20m）、260m（超前工作面 30m）、270m（超前工作面 40m）、280m（超前工作面 50m）进行垂直应力截图。得到应力截图，如图 4-10 所示。

（2）方案五：122108 面开挖后，当工作面开挖至 230m，分别对 230m（工作面处）、240m（超前工作面 10m）、250m（超前工作面 20m）、260m（超前工作面 30m）、270m（超前工作面 40m）、280m（超前工作面 50m）进行垂直应力截图。得到应力截图，如图 4-11 所示。

（3）方案六：122108 面开挖后，当工作面开挖至 230m，分别对 230m（工作面处）、240m（超前工作面 10m）、250m（超前工作面 20m）、260m（超前工作面 30m）、270m（超前工作面 40m）、280m（超前工作面 50m）进行垂直应力截图。得到应力截图，如图 4-12 所示。

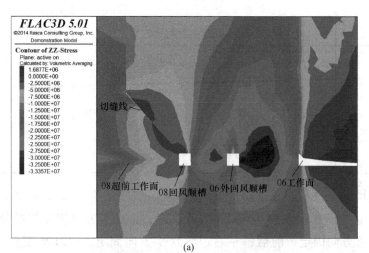

(a)

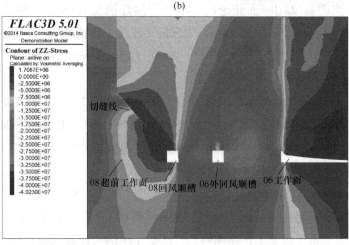

(b)

(c)

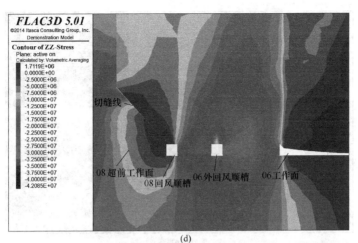

(d)

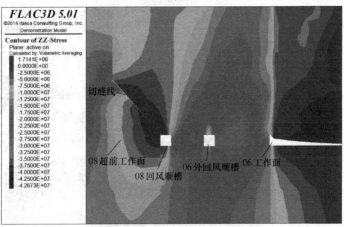

(e)

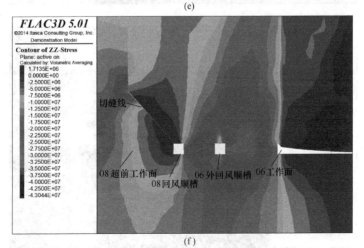

(f)

图 4-10 方案四垂直应力分布云图

（a）230m；（b）240m；（c）250m；（d）260m；（e）270m；（f）280m

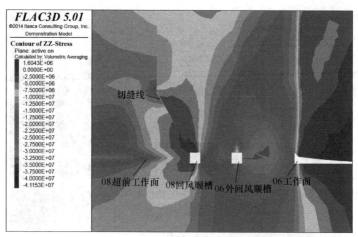

(a)

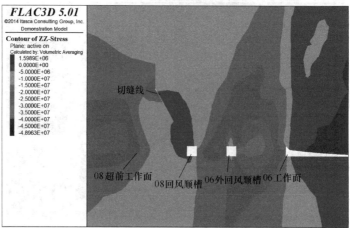

(b)

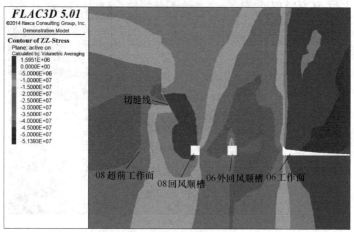

(c)

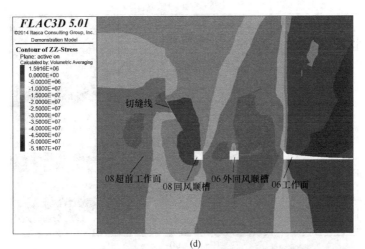

(d)

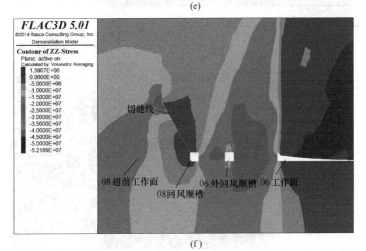

(e)

(f)

图 4-11 方案五垂直应力分布云图

（a）230m；（b）240m；（c）250m；（d）260m；（e）270m；（f）280m

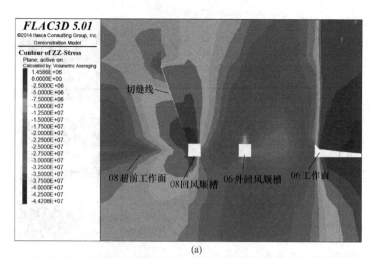

(a)

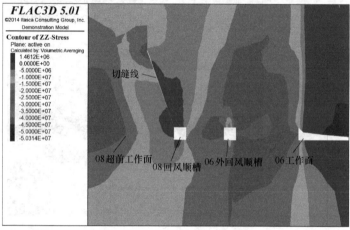

(b)

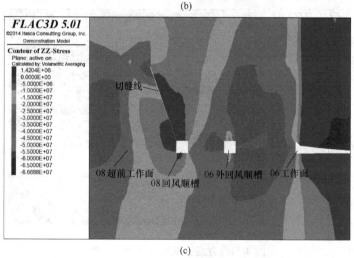

(c)

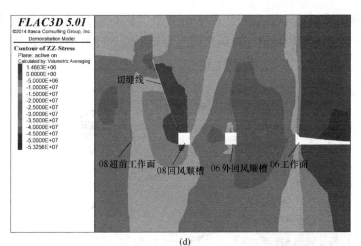

(d)

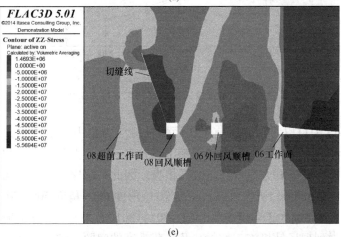

(e)

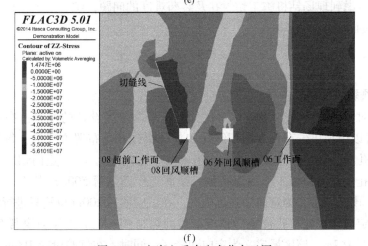

(f)

图 4-12 方案六垂直应力分布云图

（a）230m；（b）240m；（c）250m；（d）260m；（e）270m；（f）280m

（4）对比分析：为了找到合理的切缝角度将切缝角度三个方案中方案四、方案五、方案六中回风顺槽煤柱侧超前应力集中值进行对比分析，具体数据如图4-13所示。

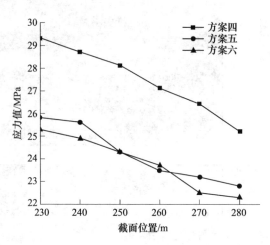

图4-13　切缝深度方案煤柱侧垂直应力集中值

从图4-13中可以看出，超前工作面煤柱侧应力集中值随着远离工作面，应力集中值逐渐减小，方案五和方案六相比于方案一在很大程度上对煤柱侧压力进行了释放，且方案五和方案六卸压效果相当。因此，对比三个方案可以得出，当切缝深度均为32m时，切缝效果：角度70°＞角度60°＞角度50°。其中角度70°、角度60°卸压效果远大于角度50°。角度70°时卸压效果与角度60°时卸压效果区别不大，考虑到现场钻机施工切封孔及装药难度的问题，综合对比得到切缝角度为60°为最优切缝角度。

4.1.2.3　设计参数

A　预裂切顶参数

为了对试验段切顶效果进行对比分析，采取分区设计的原则。在试验段前200m位置以组为单位布设定向切缝孔和加强爆破孔。布置方式为：每组由一个定向切缝孔和一个加强爆破孔组成，组内两个孔间距为1m。定向切缝孔和加强爆破孔打孔位置为顶板工作面煤帮侧，距离工作面煤帮500mm位置。组与组间距为4m，该区域定义为定向加强爆破区。在试验段后200m位置只进行定向切缝孔布设，定向切缝孔打孔位置为顶板工作面煤帮侧，距离工作面煤帮500mm位置，孔间距为2m，该区域定义为定向切缝区。同时，在试验段前100m位置设计底板卸压孔，底板卸压孔打孔位置为煤柱帮侧底部，距离底板200mm位置。孔间距为 800mm。

其中定向切缝区和定向加强爆破区的炮孔布置断面图如图 4-14 所示。

根据对顶板岩层性质和爆破目的综合分析，对加强爆破孔采用 PVC 非定向爆破技术，定向切缝孔和底板卸压孔采用定向聚能爆破技术。为了防止爆破对巷道的冲击，顶板加强爆破孔和定向切缝孔的装药系数取 0.6，每米炮眼装药 1.25~2.5kg，爆破采用矿用二级煤矿乳化炸药，炮孔直径为 90mm，用 PVC 管/聚能管装药，直径为 70mm，药卷直径为 64mm。封口技术采用速凝水泥的方式，提高封口质量，保证切顶效果。底板卸压孔的装药系数取 0.5，炮孔直径为 48mm，采用聚能管装药，聚能管外径为 42mm，内径为 36.5m，封孔采用普通炮泥封孔方式。顶板爆破孔引爆方式设计为导爆索引爆，每个爆破孔安设 2 根导爆索，孔与孔之间为串联方式连接。装药结构图如 4-15 所示。每米炮眼装药量根据现场试验和矿方实际情况确定最终参数。

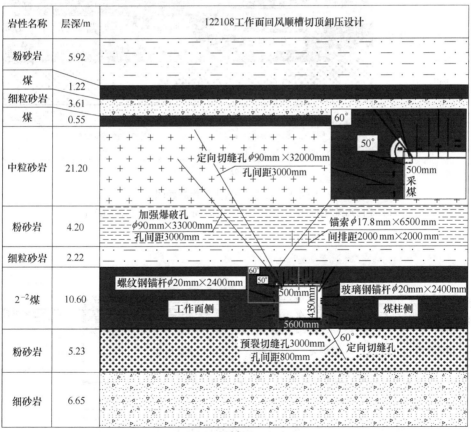

(a)

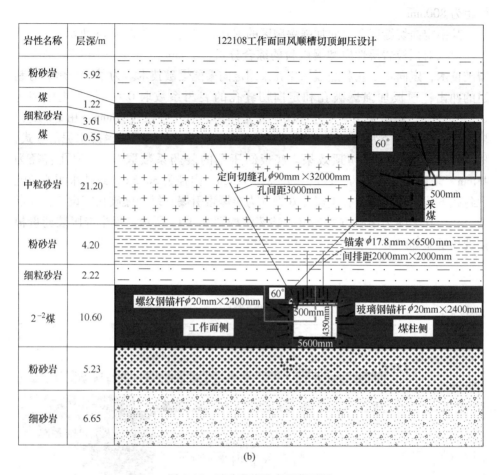

(b)

图 4-14 试验段炮孔布置断面图

（a）定向加强爆破区炮孔布置断面图；（b）定向切缝区炮孔布置断面图

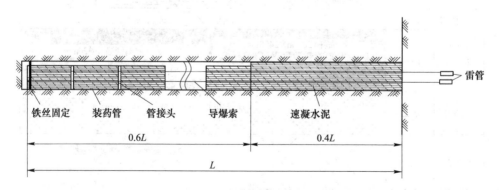

图 4-15 炮眼装药结构图

其中，加强爆破孔（深度33m，倾角50°）装药部分采用PVC管装药进行爆破，PVC管直径为70mm，管长2000mm，装药系数按0.6计算，则装药19.8m，封孔13.2m。每个孔装药22~32kg，加强爆破孔具体装药结构示意图如图4-16、表4-7所示。

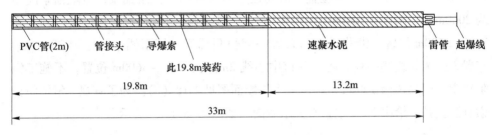

图 4-16 加强爆破孔装药结构示意图

表 4-7 切缝孔爆破具体参数

钻孔	孔深/m	倾角/(°)	钻孔直径/mm	装药长度/m	装药量/kg	封泥长度/m
加强爆破孔	33	50	90	19.8	22~32	13.2
定向切缝孔	32	60	90	19.2	20~30	12.8

定向切缝孔（深度32m，倾角60°）装药部分采用聚能管装药进行爆破，聚能管直径为70mm，管长2000mm，装药系数按0.6计算，则装药19.2m，封孔12.8m。单孔装药20~30kg，定向切缝孔具体装药结构示意图如图4-17所示。

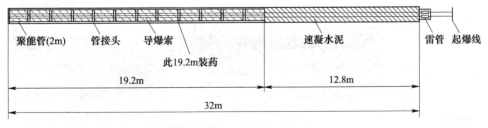

图 4-17 定向切缝孔装药结构示意图

B NPR锚索补强设计

为了保证122108工作面回风顺槽预裂切缝期间巷道的稳定性，在对122108工作面回风顺槽顶板进行预裂切顶前，采用NPR锚索对122108工作面回风顺槽进行补强加固。考虑到切缝参数及巷道原支护方式，122108 工作面回风顺槽 NPR 锚索直径取为 22mm，长度取为 9000mm，延伸率达 20% 以上。NPR 锚索沿铅垂方向布置，根据锚索支护强度计算，在 3800~3900m 位置，沿巷道走向布置一列恒阻锚索，恒阻锚索间距为 2000mm，布置方式为切缝侧一列，距离巷道中心线 2m。在 3700~3800m 位置，沿巷道走向布置两列恒阻锚索，恒阻锚索间距为 2000mm，排距为 2000mm，布置方式为切缝侧一列，巷道中心线一列。在 3600~3700m 位置，沿巷道走向布置一列恒阻锚索，恒阻锚索间距为 2000mm，布置方式为切缝侧一列，距离巷道中心线 2m。在 3500~3600m 位置，不施工恒阻锚索。回风顺槽试验段恒阻锚索支护断面图见 4-18（a）。为了直观了解恒阻锚索补强支护，给出 NPR 锚索补强示意图，如图 4-18（b）所示。

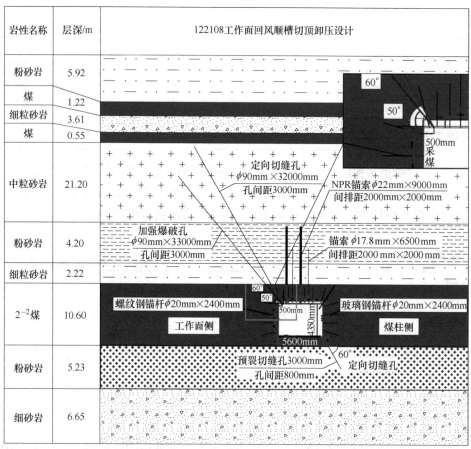

(a)

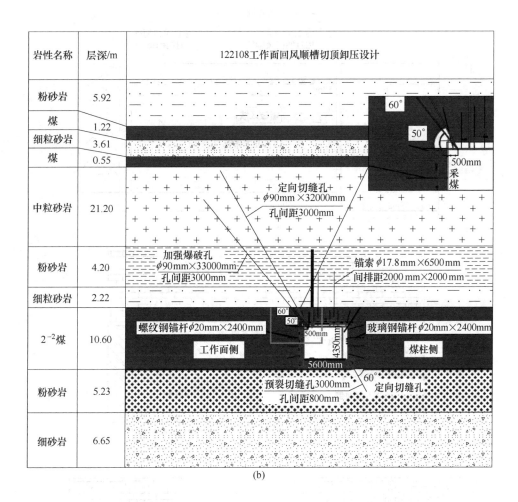

岩性名称	层深/m	122108工作面回风顺槽切顶卸压设计
粉砂岩	5.92	
煤	1.22	
细粒砂岩	3.61	
煤	0.55	
中粒砂岩	21.20	
粉砂岩	4.20	
细粒砂岩	2.22	
2⁻²煤	10.60	
粉砂岩	5.23	
细砂岩	6.65	

(b)

图 4-18　回风顺槽试验段恒阻锚索支护断面示意图

（a）双列恒阻锚索支护断面；（b）单列恒阻锚索支护断面

C　临时支护设计

为了保证切缝后巷道的稳定性和安全性，需要在 122108 回风顺槽架设临时支护，临时支护方式以单体液压支架为主。布设位置为爆破区域前后各 50m 范围，布设 1 列，排距为 1m。布置在切缝侧，距离采帮 1000mm。开始爆破时，爆破位置前后 10m 进行第二列单体补强支护，根据现场情况进行优化。临时支护设计支护图如图 4-19 所示。

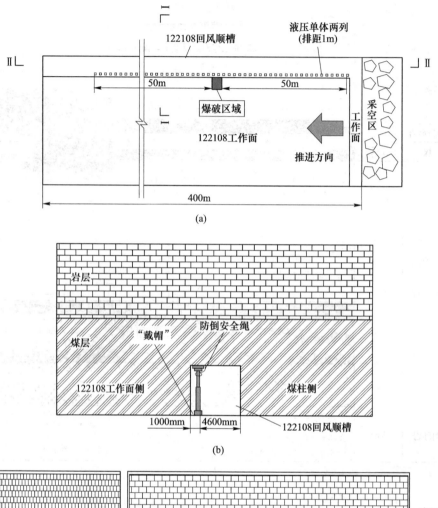

(a)

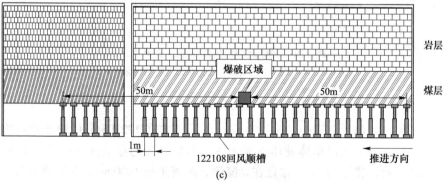

(b)

(c)

图 4-19　临时支护补强示意图

（a）临时支护平面图；（b）Ⅰ—Ⅰ断面图；（c）Ⅱ—Ⅱ断面图

4.1.3 现场应用

4.1.3.1 工作面及端头支架压力分析

A 工作面中部矿压变化规律

为了分析爆破切顶对工作面矿压规律的影响，选取工作面中部压力最大位置进行分析，故选择工作面中部 66 号支架进行分析，支架压力曲线如图 4-20 所示。

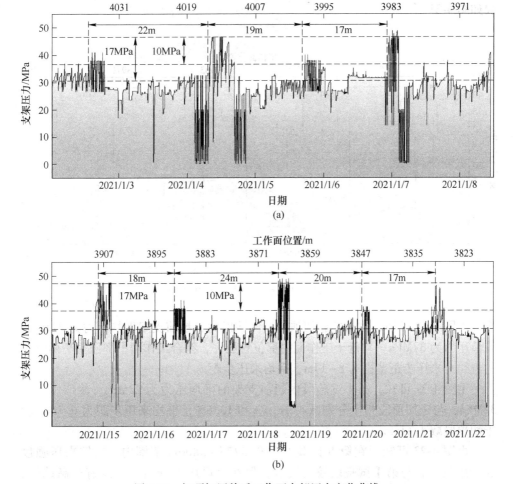

图 4-20 切顶卸压前后工作面中部压力变化曲线

（a）切顶卸压前 66 号支架压力曲线；（b）切顶卸压后 66 号支架压力曲线

由图 4-20 可知，采场纵向存在大、小周期来压，采场平均压力为 30MPa，卸压前大周期来压强度为 47MPa，大周期来压步距为 36m；小周期来压强度为 37MPa，小周期来压步距范围为 17~22m，平均步距为 19.3m。卸压后采场平均压力仍为 30MPa，大周期来压强度为 47MPa，大周期来压平均步距为 39.5m；小周期来压强度为 37MPa，小周期来压步距范围为 17~24m，平均步距为 19.75m。卸压前后工作面中部采场压力变化不明显，表明切顶卸压对工作面远场处压力影响较小。

B　回风超前架压力变化规律

为分析切顶泄压对工作面超前支架（回风巷道处）压力的变化，将切顶前超前支架压力与四个试验段超前支架压力进行对比分析，切顶前超前支架压力曲线如图 4-21 所示。

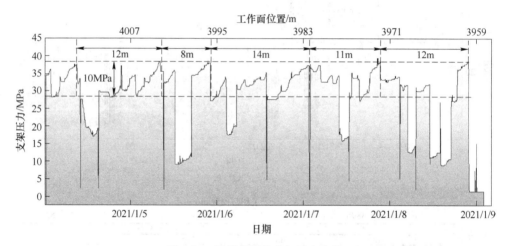

图 4-21　切顶前超前支架压力曲线

由图 4-21 可知，在未实施切顶卸压试验段内，超前支架平均压力为 27MPa，峰值压力为 37MPa，均低于工作面中部位置压力，符合工作面中部压力高两侧低的规律，来压步距范围为 8~14m，平均来压步距为 11.4m。

由图 4-22 可知，第Ⅰ试验段内超前支架的平均压力为 22MPa，峰值压力为 32MPa，与未切顶段相比分别减小 18.5% 和 13.5%，平均来压步距为 6.7m，较未切顶段减小 41%。

由图 4-23 可知，在第Ⅱ试验段里程 3775~3800m 范围内，周期来压强度和步距较小，与第Ⅰ试验段较为接近，但在后段压力峰值和步距有升高趋势，压力峰值强度达到 36MPa，平均来压步距为 12m，与未切顶超前支架压力较为接近。

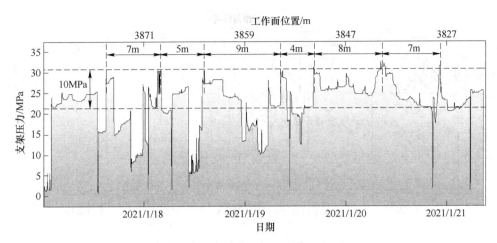

图 4-22　第Ⅰ试验段超前支架压力曲线

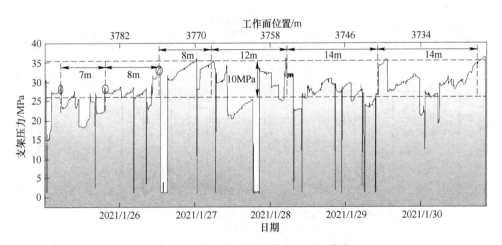

图 4-23　第Ⅱ试验段超前支架压力曲线

由于试验过程中炸药未能及时到位，导致第Ⅲ阶段切顶爆破未能如期进行，所以该段压力峰值和来压步距与未切顶段较为接近，峰值压力为 38MPa，平均来压步距为 10.2m，如图 4-24 所示。

由图 4-25 可知，第Ⅳ试验段内超前支架的平均压力为 27MPa，峰值压力为 33MPa，与第Ⅰ试验段较为接近，平均来压步距为 9.5m，较未切顶段减小 16.7%，但大于第Ⅰ试验段来压步距。

4.1.3.2　煤体应力分析

为分析切顶前及不同试验段煤体应力变化规律，绘制不同位置处煤体应力变

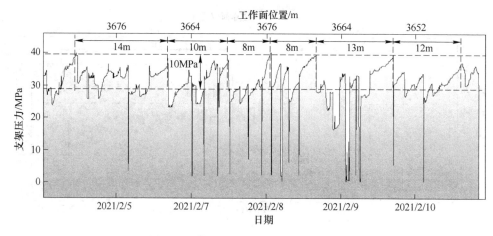

图 4-24 第Ⅲ试验段超前支架压力曲线

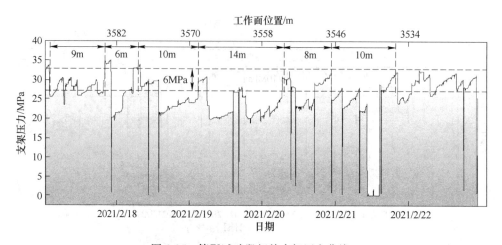

图 4-25 第Ⅳ试验段超前支架压力曲线

化曲线，其中未切顶段应力变化曲线如图 4-26 所示。在未切顶段，煤柱侧煤体应力初始稳定值为 7MPa，当工作面进入里程 4019m 处时，应力出现上升趋势，表明超前应力影响范围约为 69m，应力值最终升至约为 21MPa，应力集中系数为 3。同理，工作面侧应力初始稳定值为 6MPa，最终升至约为 16MPa，应力集中系数为 2.6。

第Ⅰ试验段应力变化曲线如图 4-27 所示，该段煤柱侧煤体应力初始稳定值为 5MPa，当工作面进入里程 3890m 处时，应力出现上升趋势，表明超前应力影响范围约为 40m，较切顶前缩短 29m，应力值最终升至约为 8MPa，上升 3MPa，较之前减小 8MPa，应力集中系数为 1.6。同理，工作面侧应力初始稳定值为

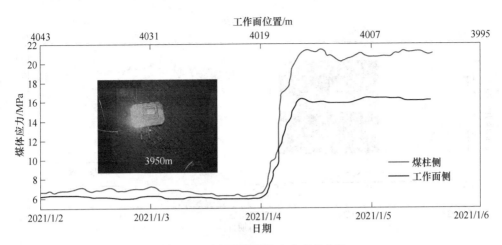

图 4-26 未切顶段煤体应力变化曲线

5MPa，最终升至约为 5.8MPa，仅上升 0.8MPa，较切顶前减小 13.2MPa，应力集中系数仅为 1.16。

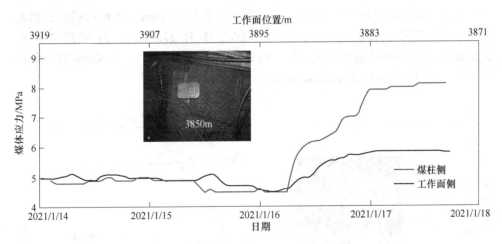

图 4-27 第Ⅰ试验段煤体应力变化曲线

第Ⅱ试验段应力变化曲线如图 4-28 所示，该段煤柱侧煤体应力初始稳定值为 6MPa，当工作面进入里程 3794m 处时，应力出现上升趋势，表明超前应力影响范围约为 44m，较切顶前缩短 25m，应力值最终升至约为 12MPa，上升 6MPa，较切顶前减小 11MPa，但大于第Ⅰ试验段应力，应力集中系数为 2。同理，工作面侧应力初始稳定值为 5.5MPa，最终升至约为 6.5MPa，仅上升 1MPa，较切顶前减小 13MPa，应力集中系数仅为 1.19。

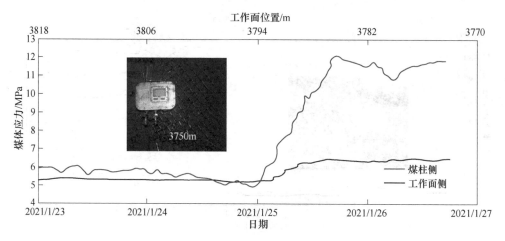

图 4-28 第Ⅱ试验段煤体应力变化曲线

第Ⅲ试验段应力变化曲线如图 4-29 所示，该段煤柱侧煤体应力初始稳定值为 6.3MPa，当工作面进入里程 3710m 处时，应力出现上升趋势，表明超前应力影响范围约为 60m，较切顶前缩短 9m，应力值最终升至约为 19MPa，上升 12.7MPa，较切顶前减小 1.3MPa，应力集中系数为 3。同理，工作面侧应力初始稳定值 5MPa，最终升至约为 16.5MPa，上升 11.5MPa，较切顶前减小 2.5MPa，应力集中系数为 3.3。由于该段未进行爆破作业，仅有 90mm 直径的爆破孔起一定卸压作用，所以较未切顶段相比卸压效果不明显。

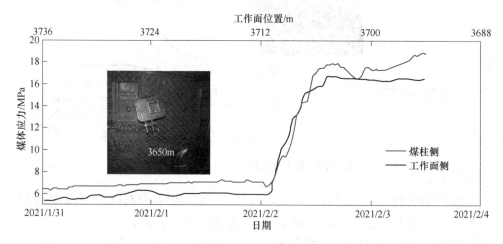

图 4-29 第Ⅲ试验段煤体应力变化曲线

第Ⅳ试验段应力变化曲线如图 4-30 所示，该段煤柱侧煤体应力初始稳定值为 5MPa，当工作面进入里程 3594m 处时，应力出现上升趋势，表明超前应力影响范围约为44m，较切顶前缩短25m，应力值最终升至约为9MPa，上升4MPa，较切顶前减小10MPa，应力集中系数为1.8。同理，工作面侧应力初始稳定值为4.5MPa，最终升至约为7.7MPa，上升3.2MPa，较切顶前减小10.8MPa，应力集中系数为1.7。该段煤柱侧卸压效果与第一段煤柱侧卸压效果较为相似，但第Ⅳ试验段工作面侧煤体应力大于第Ⅰ试验段工作面侧，原因是加强爆破孔的作用，使得关键层更易垮落，从而卸压更为彻底。

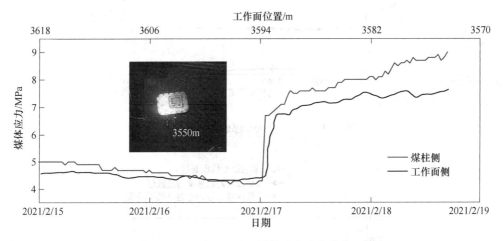

图4-30 第Ⅳ试验段煤体应力变化曲线

4.1.3.3 巷道变形控制效果

A 巷道阶段变形分析

（1）第一试验段（3800~3900m）：如图4-31所示，3800~3900m是此次试验的第一阶段，该区域采用定向切缝孔和加强爆破孔设计方案。布置方式为：每组由一个定向切缝孔和一个加强爆破孔组成，组内两个孔间距为1m。定向切缝孔和加强爆破孔打孔位置为顶板工作面煤帮侧，在距离工作面煤帮500mm位置。组与组间距为3m，并采用单排NPR锚索补强支护。

该区域顶板爆破是在超前工作面100m左右进行的，爆破后，随着工作面的推进，超前架的底鼓情况开始逐渐减小，在工作面推至3920m处时，超前架底鼓明显减小，根据监测，在超前架进入第一阶段时，1号、2号架超前架平均底鼓量为200mm左右。3号、4号、5号、6号平均底鼓量为12~18mm，明显小于未切顶时的底鼓量。

（2）第二试验段（3700~3800m）：如图4-32所示，3700~3800m是此次试验的第二阶段，该区域采用定向切缝孔和加强爆破孔设计方案。布置方式为：每组由一个定向切缝孔和一个加强爆破孔组成，组内两个孔间距为1m。定向切缝

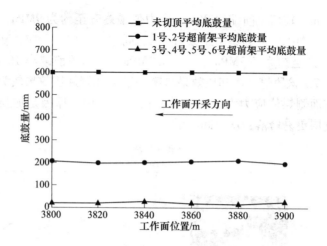

图 4-31 3800~3900m 爆破区域底鼓情况

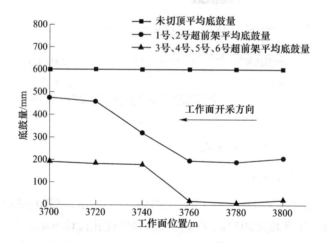

图 4-32 3700~3800m 爆破区域底鼓情况

孔和加强爆破孔打孔位置为顶板工作面煤帮侧，在距离工作面煤帮 500mm 位置。组与组间距为 3m，并采用双排 NPR 锚索补强支护。

　　该区域顶板爆破也是在超前工作面 100m 左右进行的，爆破后，随着超前架进入试验区域，超前架的底鼓情况相较于第一阶段没有明显变化，在工作面推至 3760m 处时，超前架底鼓开始有所增加，根据监测，在超前架进入第二阶段时，1 号、2 号架超前架平均底鼓量逐渐增加，并在 500mm 后稳定。3 号、4 号、5 号、6 号架平均底鼓量为逐步增加至 198mm 后稳定。第二阶段的底鼓量小于未切顶时平均 600mm 的底鼓量，但高于第一阶段，初步分析是因为第二阶段 NPR 锚索支护强度过大，造成顺槽顶板在采空区后方的悬顶加大。

（3）第三试验段（3600～3700m）：如图4-33所示，3600～3700m是此次试验的第三阶段，由于炸药未能及时到位，导致第三阶段切顶爆破未能如期进行。

从图中可以看出，在工作面进入未爆破区域时，超前架底鼓量明显增加，其中超前架1号、2号尤为明显，底鼓量达到了580mm，相较于未切顶区域，该试验段对于底鼓控制有轻微作用，分析原因为，该试验段布置切缝孔对卸压有一定的作用，但切缝效果并不明显。

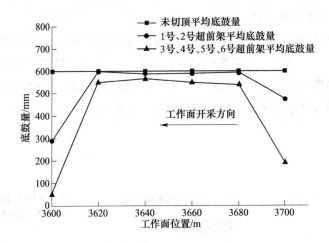

图4-33　3600～3700m爆破区域底鼓情况

（4）第四试验段（3500～3600m）：如图4-34所示，3500～3600m是此次试

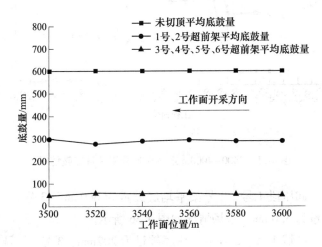

图4-34　3500～3600m爆破区域底鼓情况

验的第四阶段，该区域采用定向切缝孔设计方案。布置方式为：定向切缝孔间距为2m。定向切缝孔打孔位置为顶板工作面煤帮侧，距离工作面煤帮500mm位置。该试验段并未采用排NPR锚索补强支护。

从图中可以看出，工作面进入爆破区域时，超前架底鼓量明显减小，其中超前架3号、4号、5号、6号架尤为明显，底鼓量缩减至50mm，超前架1号、2号底鼓量缩减至280mm相较于未切顶区域，该试验段对于底鼓控制有显著作用，分析原因为该试验段布置定向切缝孔对卸压有积极的作用。

B 整体变形效果分析

从图4-35中可以看出，工作面在未切顶与切顶区域时，超前支架底鼓效果不同，进入爆破区域时，超前架底鼓量明显减小，试验段对于底鼓控制有显著作用，同时可知第一阶段定向切缝孔和加强爆破孔效果最佳。同时综合考虑爆破过程中的安全因素和采空区巷道难跨落问题，采用单排NPR锚索补强支护为最优方案。

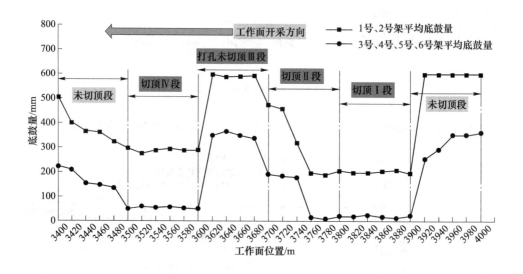

图4-35 3400~4000m现场对比分析区域底鼓情况

未进行切顶卸压段1号、2号架平均底鼓量为600mm，3号、4号、5号、6号架平均底鼓量为350mm。现场情况如图4-36所示。

切顶卸压Ⅰ区域1号、2号架平均底鼓量为202mm，3号、4号、5号、6号架平均底鼓量为19mm。现场情况如图4-37所示。

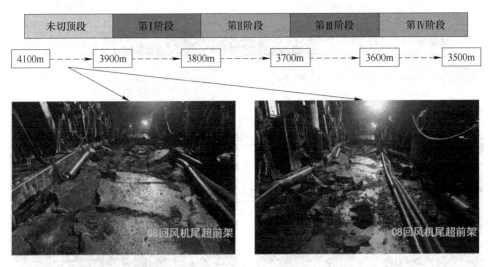

图4-36 未进入切顶卸压区域底鼓变形严重

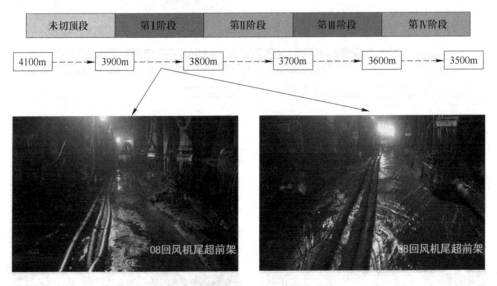

图4-37 切顶卸压Ⅰ区域底鼓变形情况

切顶卸压Ⅱ区域1号、2号架平均底鼓量为306mm，3号、4号、5号、6号架平均底鼓量为99mm。现场情况如图4-38所示。

切顶卸压Ⅲ区域1号、2号架平均底鼓量为566mm，3号、4号、5号、6号架平均底鼓量为319mm。现场情况如图4-39所示。

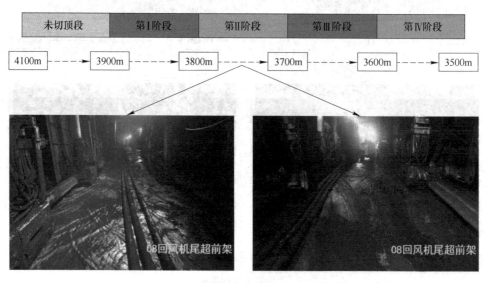

图 4-38　切顶卸压 II 区域底鼓变形情况

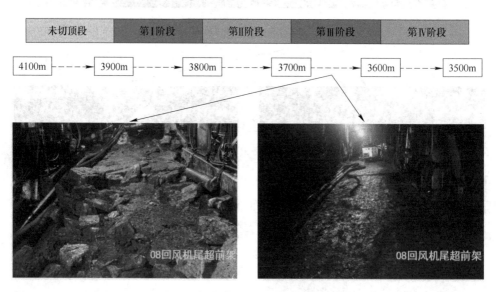

图 4-39　切顶卸压 III 区域底鼓变形情况

切顶卸压 IV 区域 1 号、2 号架平均底鼓量为 286mm，3 号、4 号、5 号、6 号架平均底鼓量为 55mm。现场情况如图 4-40 所示。

图 4-40 切顶卸压Ⅳ区域底鼓变形情况

4.2 典型应用二：特大采高综采

4.2.1 工程概况

4.2.1.1 矿井概况

红庆河矿井位于国家大型煤炭基地——神东煤炭基地内的东胜煤田新街矿区，行政区划隶属内蒙古自治区鄂尔多斯市伊金霍洛旗札萨克镇管辖，矿井工业场地距札萨克镇约11km。矿井工业场地距伊金霍洛旗府（阿镇）约35km，距东胜区60km，包茂高速及210国道从井田东部边界约9km通过。包西铁路已经竣工，由北向南从井田东部边界约10km穿过。矿井建设煤炭产品外运铁路专用线，呼和浩特铁路局已同意矿井专用线接轨新恩线新街西站，专用线长约6.1km。铁路运输方便，向北可直抵包头，向南可至天津黄骅港。

井田位于鄂尔多斯高原的东部，地表植被较少，属沙漠-半沙漠地区。地形呈西北高、东南低的斜坡状，最高点位于兰家圪卜四队东北处，海拔标高1516.8m；最低点位于井田东南部边缘喇嘛庙河东渠内，海拔标高1298.9m；最大地形高差217.9m。矿井位于东胜煤田新街矿区，井田总体为一向西倾斜的单斜构造，倾角一般为1°~3°，地层产状沿走向及倾向均有一定变化，但变化不大；发育有宽缓的波状起伏，井田内未发现褶皱构造，亦无岩浆岩侵入，井田构造属简单类型。

井田南北长13~19km，东西宽约8.7km，面积为140.759km²。井田共含煤层 16 层,其中可采煤层 10 层。井田开采标高+1004~+500m 范围内共获资源/储量 308004 万吨。各可采煤层(平均)以低灰、低硫、高发热量不粘煤为主,有少量的长焰煤,是较好的动力用煤和化工用煤。

矿井采用立井开拓方式:工业场地内布置主、副、中央 1 号风井、中央 2 号风井 4 个井筒,分三个水平开拓;矿井一水平设在 3-1 煤层中,根据井筒检查钻孔资料标高为+677m;二水平设在煤层较厚的 4-1 煤层中,标高为暂定+630m;三水平设在 6-1 煤层中,标高为暂定+570m。

井下主要大巷布置方式:出井底车场后以南偏东 36°方位布置一组南、北翼大巷,各煤层以一组南北向大巷开拓全井田。各采区利用大巷布置工作面条带式开采。初期开采 3-11、3-14 两个采区,工作面采用条带式布置,均采用长壁后退式采煤方法,工作面采用综合机械化采煤,全部冒落法管理顶板。

4.2.1.2 井田地质

井田地层由老至新发育有:三叠系上统延长组(T_3y)、侏罗系中下统延安组($J_{1-2}y$)、侏罗系中统直罗组(J_2z)、侏罗系中统安定组(J_2a)、白垩系下统志丹群(K_1zh)、第四系(Q)。现分述如下:

(1)三叠系上统延长组(T_3y)。该组为煤系地层的沉积基底,本区无出露,施工的钻孔也仅揭露其上部岩层。岩性为一套灰绿色中-粗粒砂岩,局部含砾,夹绿色薄层状砂质泥岩和粉砂岩。砂岩成分以石英、长石为主,含有暗色矿物。普遍发育大型板状、槽状交错层理,是典型的曲流河沉积体系沉积物。区内钻孔(24~2 号钻孔)揭露最大厚度为 32.18m,未穿过。

(2)侏罗系中下统延安组($J_{1-2}y$)。该组为本区主要含煤地层,区内无出露。岩性主要由一套灰白色各粒级的砂岩,灰色、深灰色砂质泥岩,泥岩和煤层组成,发育有水平纹理及波状纹理。

延安组地层含 2、3、4、5、6 五个煤组。含煤地层总厚度为 171.24~240.37m,平均 208.80m。与下伏地层延长组呈平行不整合接触。

该组($J_{1-2}y$)按沉积旋回和岩性组合特征,可划分为三个岩段。具体详述如下:

1)一岩段($J_{1-2}y_1$)。由延安组底界至 5 煤组顶板砂岩底界,该岩段厚度为 79.51~149.63m,平均为 118.66m。该岩段含 5、6 煤组,含煤 10 层,即 5-1、5-1 下、5-2、5-2 下、5-3、6-1、6-2、6-2 下、6-3、6-4 煤层。其中:可采煤层 6 层,即 5-1、5-2、6-1、6-2、6-3、6-4 煤层;不可采煤层 4 层,即 5-1 下、5-2 下、5-3、6-2 下煤层为不可采煤层。该岩段地层与下伏延长组(T_3y)呈平行不整合接触。

2）二岩段（$J_{1-2}y_2$）。位于延安组中部，该岩段界线从 5 煤组顶板砂岩底界至 3 煤组顶板砂岩底界，该岩段厚度为 61.75～103.90m，平均为 82.55m。含 3、4 两个煤组，含煤 5 层，即 3-1 上、3-1、3-2、4-1、4-2 号煤层。其中：可采煤 4 层，即 3-1 上、3-1、4-1、4-2 煤层。不可采煤层 1 层，即 3-2 号煤层。

3）三岩段（$J_{1-2}y_3$）。位于延安组上部，该岩段界线从 3 煤组顶板砂岩底界至延安组顶界，该岩段厚度为 0.20～53.90m，平均为 13.45m。含 2 煤组，在本井田内只含 2-2 号煤层，在井田东北边界附近赋存。区内共有 18 个钻孔见该煤层，其中有 8 个孔见可采点，煤层可采厚度 0.80（22～8 号孔）～1.85m（4～9 号孔），均呈孤立点存在，属不可采煤层。

（3）侏罗系中统直罗组（J_2z）。该组在区域上为次要含煤地层，在本井田范围不含煤，区内无出露。据钻孔揭露资料，岩性组合上部主要为泥岩、砂质泥岩、粉砂岩、细粒砂岩、中粒砂岩；下部为中粒砂岩、粉砂岩、砂质泥岩。砂岩中含炭屑及煤的条纹、条带。底部往往有砾岩层，砾石成分一般为石英、燧石，砾石圆度好，砾径大小从 2～150mm 不等，本组厚度为 59.00～190.87m/118.87m。该组地层与下伏延安组地层呈整合接触。

（4）侏罗系中统安定组（J_2a）。岩性组合为紫红色细、中、粗粒砂岩夹薄层紫红色、灰绿色泥岩、砂质泥岩。该组地层厚度因受上覆志丹群地层影响，南厚北薄，厚度变化较大，由北部向南渐变为 2.00～115.39m，平均为 31.99m。该组地层与下伏直罗组地层为整合接触。

（5）白垩系下统志丹群伊金霍洛组（K_1zh）。在井田南部大的沟谷两侧有出露。岩性下部以灰绿、浅红色、棕红色砾岩为主，上部为深红色泥岩、砂质泥岩夹细砂岩，具大型斜层理和交错层理。地层残存厚度总体呈西厚东薄，北厚南薄的趋势，地层厚度为 277.68～716.23m，平均为 541.70m。该组地层与下伏侏罗系中统（J_2a）地层呈角度不整合接触。

（6）第四系（Q）。该地层按成因可分为：冲洪积物（Q_4al+pl）、风积沙（Q_4eol）、残坡积物及少量次生黄土（Q_{3-4}）。第四系地层厚度变化较大，据钻孔资料一般在 0.00～33.72m，平均为 7.67m。该组地层角度不整合于一切老地层之上。

4.2.1.3　工作面概况

（1）工作面概况。红庆河煤矿 3-1101 工作面为首采工作面，位于第 17 勘探线至第 18 勘探线与第 19 勘探线之间，3-1 号煤层内。该工作面位于 3-11 采区，西北邻 3-11 采区边界，东北邻南翼辅运大巷，东南邻 3-1103 辅运顺槽，西南邻 DF10 断层，工作面及巷道布置见图 4-41。工作面长度为 245.75m，回采长度为 3212.7m，采用一次采全高，全部垮落法管理顶板，工作面具体参数见表 4-8。

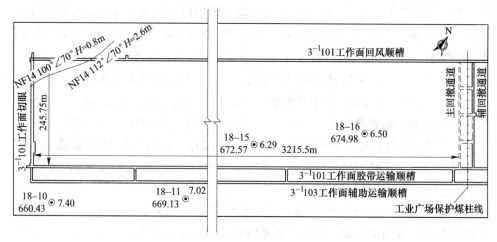

图 4-41　3-1101 工作面及巷道平面布置图

表 4-8　3-1101 工作面主要参数

埋深/m	+657.76~+675.08	3 煤厚度/m	$\dfrac{5.52~7.2}{6.36}$
煤层倾角/(°)	1~7	采高/m	一次采全高
煤层硬度	1.26	煤层节理	较发育
煤尘爆炸性	有爆炸危险性	自然发火类型	易自燃
工作面走向长度/m	3212.7	工作面倾向长度/m	245.75
实验段长度/m	300	初次来压步距/m	43
来压时最大强度/MPa	47	周期来压步距/m	15~20
工作面涌水	隔水层隔水性能好较稳定，正常涌水量为 103m³/h，最大涌水量为 214.7m³/h	工作面瓦斯富含情况	瓦斯含量较低，自然瓦斯成分中 CH₄ 含量为 0%~8.30%

（2）围岩特征及地质构造。煤层直接顶主要由砂质泥岩和粉砂岩组成，平均厚度为 13.04m，基本顶主要由细砂岩和砾岩组成，平均厚度为 58.66m，详情见表 4-9。

表 4-9　工作面煤层顶底板情况表

顶底板名称	岩石名称	厚度/m	特　征
基本顶	细粒砂岩、细砾岩、中砾岩	$\dfrac{0~117.29}{58.66}$	细砂岩：灰白色，细粒结构，层、块状，孔隙泥质胶结，交错层理；砾岩：砾质结构以石英。长石碎屑为主，分选差，孔隙砂泥质胶结

顶底板名称	岩石名称	厚度/m	特 征
直接顶	砂质泥岩、粉砂岩	$\dfrac{0.00\sim25.97}{13.04}$	灰色,粉砂质、砂泥质结构,层状构造,平坦状断口,含较多植物化石和云母碎片,见水平层理和波状层理
直接底	砂质泥岩	$\dfrac{0.00\sim17.15}{8.58}$	灰黑色、泥质结构、水平层理、平坦状或贝壳状断口,夹炭质泥岩和薄煤层,遇水泥化
老底	粉砂岩	$\dfrac{0.00\sim36.4}{18.20}$	灰白色,局部为灰黑色,层状主要成分为长石和少量的石英碎屑和岩屑组成,胶结物为泥质,与下部岩层界线清楚

(3)巷道变形特征。红庆河煤矿 $3^{-1}101$ 工作面为该采区的首采工作面,为其服务的巷道为 $3^{-1}101$ 工作面回风顺槽、$3^{-1}101$ 工作面胶运顺槽和 $3^{-1}103$ 工作面辅运顺槽。$3^{-1}103$ 工作面辅运顺槽担负材料运输、行人等任务,对巷道变形要求较高,两帮空间需满足通车要求,底板不能严重翘起,以满足本工作面及下个工作面的回采要求。但是,目前的巷道布置和支护方式下,$3^{-1}103$ 工作面辅运顺槽出现大变形,巷帮鼓起,底板出现开裂等现象(如图 4-42 所示),煤炮声频繁,影响正常行人和运输,巷道存在严重安全隐患[109]。

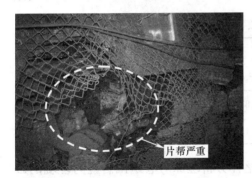
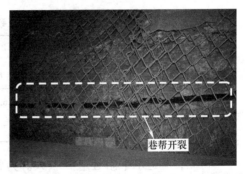

图 4-42 $3^{-1}103$ 工作面辅运顺槽现场变形情况

根据红庆河煤矿 $3^{-1}103$ 工作面辅运顺槽所处的地质环境和条件对其变形原因进行分析。该巷道掘进过程中未揭露大的断层、陷落柱等复杂构造,但由于其埋深较大(将近 700m),认为其所处的地应力环境对其变形有重要影响。现场采用水压致裂 SY-2007 型单回路地应力测量系统对巷道水平附近的地应力状态进行测量。图 4-43 为巷道深度附近水压致裂压力记录曲线。根据对测试资料的整理及计算分析,确定了各测段的破裂压力(P_b)、裂缝张压力(P_r)、水压破裂面的瞬时闭合压力(P_s)、岩层的岩石孔隙压力(P_0)以及测段岩石的原地抗拉强度（T）。根据测得的压力参数及相关公式，得到最大、最小水平主压力值（S_H, S_h）及垂直主应力值（S_V），详见表4-10。

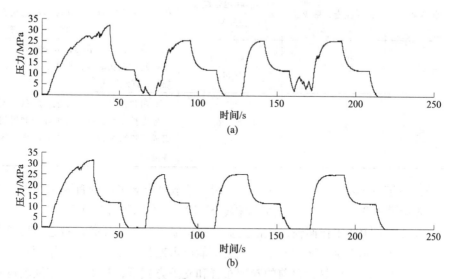

图4-43　水压致裂法地应力测量压力变化曲线

（a）主检孔（687.30m）位置；（b）主检孔（712.75m）位置

表4-10　主检孔水压致裂原地应力测量结果

测段 深度/m	压裂参数/MPa					主应力值/MPa		
	P_b	P_r	P_s	P_o	T	S_H	S_h	S_V
687.30	32.21	25.09	17.53	6.87	7.12	20.62	17.53	15.81
712.75	30.57	24.82	16.61	7.13	5.75	17.87	16.61	16.39

可见，巷道水平附近应力较大。为整体分析埋深对巷道围岩应力环境的影响，现场测试并统计了不同埋深条件下主应力值，如图4-44所示。随着埋深增大，水平和竖直应力均呈现出增大的趋势，尤其当埋深超过600m之后，应力出现了明显的波动和增加现象，造成巷道处于复杂应力环境。

$3^{-1}101$工作面为首采工作面，除了该工作面，$3^{-1}103$工作面辅运顺槽未受到其他工作面采动影响。$3^{-1}101$工作面最大采高可达6.5m，采用一次采全高采煤工艺。大采高条件下，工作面开采后采空区覆岩运动更加剧烈，从而会扰动3^{-1}103工作面辅运顺槽，不可避免地造成巷道变形，因此$3^{-1}101$工作面的强采动应力亦是造成该矿巷道大变形的又一重要因素。

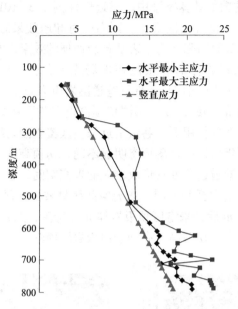

图 4-44　红庆河煤矿地应力随埋深变化规律

4.2.2　方案设计

4.2.2.1　预裂切顶关键参数设计

A　数值模拟研究

基于现场工程地质条件，采用离散元模拟方法，建立 UDEC 数值计算模型，如图 4-45 所示。模型长 300m，高 80m，左右边界和底边界施加固定约束，顶边界为自由边界。本次模拟中，块体材料采用 Mohr-Coulomb 本构模型，节理模型选用面接触-库仑滑移模型。

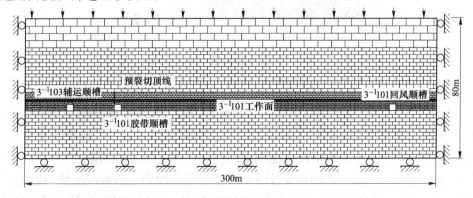

图 4-45　数值计算模型

如图 4-45 所示的数值计算模型中，靠近煤柱侧于 $3^{-1}101$ 工作面胶带顺槽顶板进行预裂切缝。实践及研究发现，切顶高度对卸压效果影响最为明显[23]。切顶高度增大说明切顶效果增强，为了表征预裂切顶的效果，本书进行了 3 种切顶高度的模拟。考虑顶板岩体的碎胀性和现场施工条件，切顶高度分别选取为10m、12m 和 14m，探究不同切顶条件下巷道围岩应力分布及变形特征。

（1）围岩应力分布。图 4-46 为不同切顶高度条件下围岩垮落形态及竖直应力分布云图。可见，切顶作用下，巷道附近采空区覆岩沿切缝线垮落，但不同切顶条件下，采空区顶板岩体的垮落形态明显不同。切顶高度为 10m 时，顶板垮落不充分，上一工作面巷道边角处易形成较大的未充空间，采空区覆岩直接斜压在煤柱上。当切顶高度增大至 12m 时，未充空间明显减少，顶板垮落更充分。当继续增大切顶高度至 14m 后，采空区顶板岩体充分垮落，煤柱旁几乎无未充空间，说明在一定范围内，增大切顶高度有利于顶板岩层垮落。

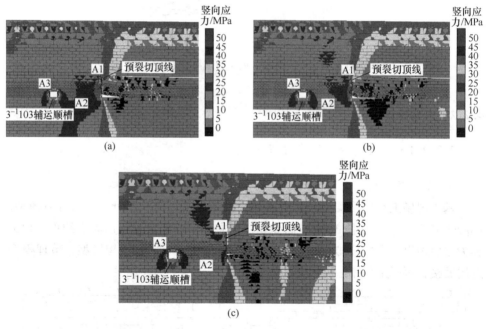

图 4-46　不同切顶高度围岩垮落形态及竖直应力分布
（a）切顶高度=10m；（b）切顶高度=12m；（c）切顶高度=14m

切顶高度对巷道围岩的应力分布亦有重要影响，其中 3 处位置（A1、A2 和 A3）的应力大小受切缝影响明显。首先是切缝线顶端位置，当切顶不充分时，采空区覆岩悬顶会直接作用在切缝线顶端位置的煤柱上，造成应力集中，如图 4-46（a）所示。但当顶板垮落充分时，岩体会充分碎胀，从而减小该位置的应力集中。此外，煤柱上的应力分布受切缝影响明显。当切顶高度为 10m 时，煤柱中部附近的应力值集中在 20~25MPa 范围，而当切顶高度增大至 12m 后，约有一半的区域应力集中在 15~20MPa 范围，整体应力值减少了约20%，继续增大切顶高度至 14m 后，应力集中范围再次减少，煤柱大部分区域应力集中在 15~20MPa 范围。第三个受切顶影响明显的区域为 $3^{-1}103$ 工作面辅运顺槽的巷帮位置。切顶高度为 10m 时，巷帮最大竖直应力为 46.5MPa，切顶高度增大至 12m 后，巷帮最大应力值降低了约 12%，继续增大至 14m 后，巷帮最大应力值仅为37.4MPa。整体分析可知，预裂切顶可达到切顶卸压的目的，增大切顶高度有利于采空区顶板岩体垮落，减少传递至巷道围岩的采空区覆岩荷载，达到增强巷道稳定性的目的。

（2）巷道围岩变形。数值模拟中发现，切顶参数变化对巷道变形有一定影响，尤其对顶底板变形影响明显。图 4-47 为不同切顶高度条件下监测的顶底板变形情况，测点均位于巷中位置。可见，巷道掘进期间的变形约占巷道总变形的20%，工作面开采期间巷道变形约占顶板总变形的80%。当切顶高度为 10m 时，顶底板移近变形约为331mm。增大切顶高度后，由于巷道围岩压力减小，变形相应减小。当切顶高度增大至 12m 后，巷道变形减小至 276mm，继续增大至 14m后仍有少量下降。此外，不同切顶高度下，巷道顶底板达到稳定的时间步不同。切顶高度为 10m 时，大约需 15500 计算步，顶底板移迁变形量趋于平稳，增大切顶高度后，曲线趋于稳定所需的计算步减少。由此可见，增强切顶效果有利于减小采动影响和巷道变形，加快巷道稳定。

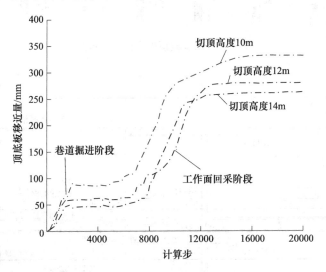

图 4-47 不同切顶高度巷道顶底板移近变形特征

B 现场方案设计

对试验段取顶板岩性进行分析，得出试验段顶板岩性变化剖面示意如图 4-48

所示。根据试验段岩性变化同时比较不同切缝深度在各矿井的试验应用效果，取
3 组切缝深度（10m、12m、14m），其中试验段设在 3-1101 工作面胶运顺槽里程
791~1091m 处（里程指以南翼辅运大巷巷帮为起点），距开切眼约 2811~3111m，
共 300m，终点距主回撤通道约 100m，划分详情如图 4-49 所示。

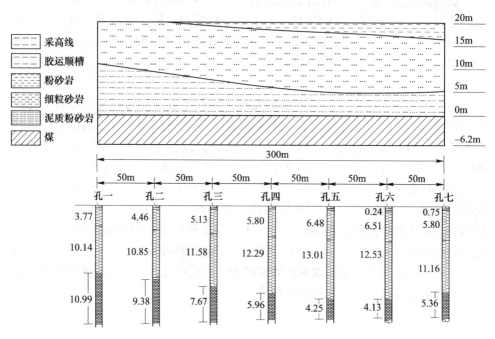

图 4-48　试验段顶板岩性变化示意

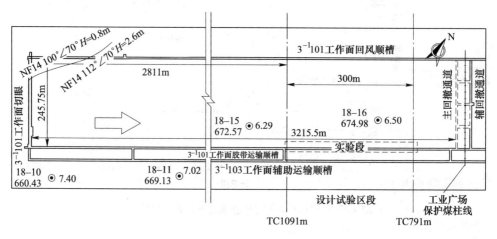

(a)

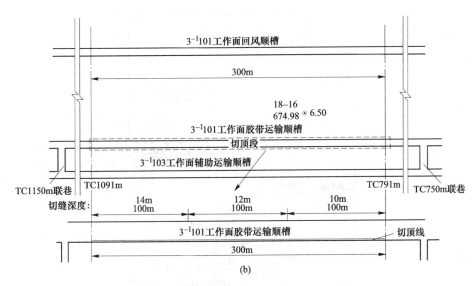

图 4-49 试验段切顶位置及分区

(a) 试验段位置；(b) 试验段分区

切缝孔设计距巷道副帮 300mm，与铅垂线夹角为 15°，切缝孔间距为 500mm，结合试验段分区划分，共设置 3 个方案，其中切缝深度有 10m、12m、14m，共 3 组。不同深度切缝的布置示意如图 4-50 所示。

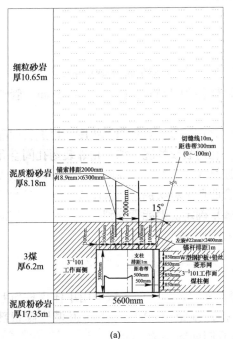

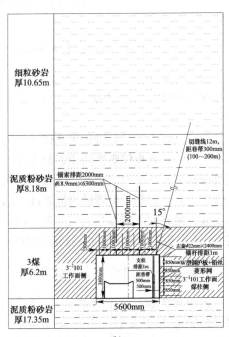

(a)　　　　　　　　　(b)

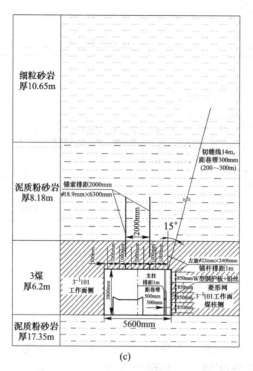

图 4-50 红庆河矿切顶预裂试验方案

（a）方案 1；（b）方案 2；（c）方案 3

4.2.2.2 聚能爆破关键参数设计

聚能爆破采用二级煤矿乳化炸药。炸药规格为 φ35mm×300mm/卷。炸药安装于聚能管内，在管内爆破，双向聚能管外径为 42mm，内径为 36.5mm，管长为 1500mm。

首先根据方案设计进行单孔试验，确定合理的装药量和封泥长度，再进行间隔爆破，用钻孔窥视仪观察两相邻装药孔间空孔内裂纹情况。如两相邻装药孔间空孔裂纹未达到裂缝率要求标准，再进行一次连续爆破试验，最终确定一次爆破孔数以及爆破方式。根据胶运顺槽顶板岩性，结合前期工程实例，拟采用以下爆破参数进行实验，最终的爆破参数需根据现场试验效果确定。聚能管捅到孔底，孔口用炮泥封孔，3 个初设试验方案的装药结构如图 4-51 所示。

4.2.2.3 巷内临时支护设计

为防止切顶过程中胶运巷道顶板失稳，在超前工作面区域采用单体支柱对巷道进行临时加固支护。单体支柱布置一排，排距 1000mm，距巷道煤柱侧帮部 500mm。试验段支柱临时支护断面图和展开图如图 4-52 所示。

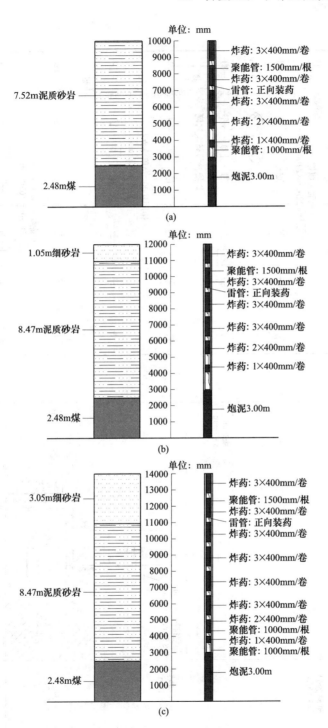

图 4-51 炮孔初定装药结构

(a) 方案 1; (b) 方案 2; (c) 方案 3

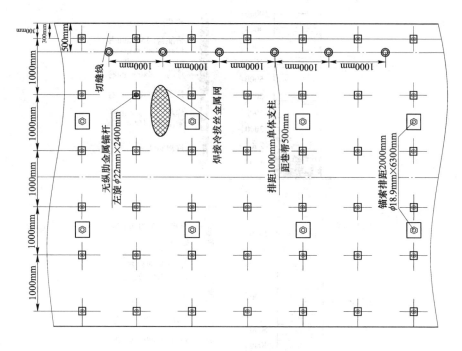

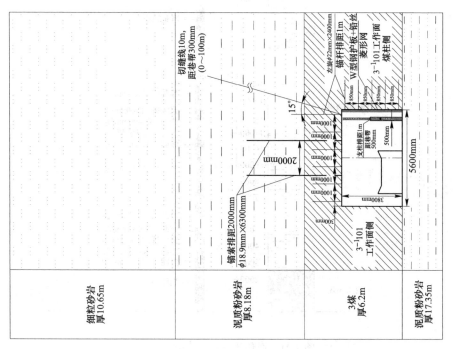

图 4-52 单体支柱补强支护设计

由于联巷口位置空顶面积比较大，当进行切缝后，会形成比普通留巷段更长的悬臂岩梁结构，因此需要特殊处理。根据原巷道支护情况，联巷口需额外补打单体。

4.2.3 现场应用

4.2.3.1 预裂切顶效果

预裂爆破前，于巷道顶板施工切缝钻孔，施工的钻孔在一条直线上。采用双向拉张爆破技术后，超前工作面及滞后工作面的预裂切顶效果见图 4-53。可见，

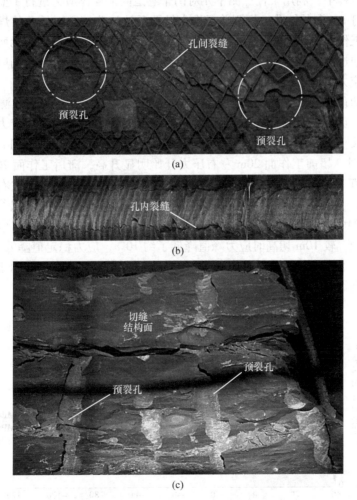

(a)

(b)

(c)

图 4-53 现场双向聚能拉张爆破作用效果

(a) 孔表裂缝贯通情况；(b) 孔内裂缝扩展情况；(c) 采空区顶板岩体垮落轮廓

在药量设计合理的情况下，巷道顶板的孔表裂纹会完全贯通，即聚能方向顶板岩体完全损伤，如图 4-53 (a) 所示。进一步，采用 CXK6 钻孔窥视仪对孔内岩体的损伤情况进行了探测，并将窥视图沿圆周方向展开，如图 4-53 (b) 所示。可见，聚能爆破后，沿设定方向产生两条近乎平行的拉张裂缝，两条裂缝的距离约为圆孔周长的一半，说明爆破能量沿设定方向作用。图 4-53 (c) 为液压支架后方采空区岩体垮落轮廓图，连孔爆破后，损伤裂隙在空间上形成切缝结构面，采空区顶板岩体沿切缝结构面切落，进一步验证了聚能张拉爆破技术的有效性。

4.2.3.2　煤体内应力变化

试验过程中，利用柔性探测单元对两个巷道间的煤体应力进行了监测。首先在煤体内打 8m 深的钻孔，探测单元推入钻孔后注液膨胀，对钻孔的煤壁产生挤压。随着工作面推进，煤体应力升高，钻孔破碎，柔性注液探测单元所受压力发生变化。通过液压测力仪可记录孔壁压力变化，值得注意的是，所测应力并非真实垂直地应力，但可从侧面反映出煤体内的压力变化趋势和规律。

不同切顶高度下煤体内应力监测结果如图 4-54 所示，正号表示测点位于工作面前方，负号表示测点位于工作面后方。不同切顶高度下，煤体应力均呈现出先增大后减小的变化趋势，但不同切顶条件下应力峰值和稳定值不同。当切顶高度为 10m 时，超前工作面 20m 左右压力开始明显升高，滞后工作面 20m 左右压力达到峰值 7.0MPa，而后趋于平稳并逐渐降低，滞后工作面 65m 左右达到稳定值 3.2MPa。当切顶高度增大至 12m 后，应力峰值减小至 6.8MPa，最终稳定值亦降低至 2.7MPa。当继续增大切顶高度至 14m 后，煤体内应力峰值和应力稳定值均明显降低，较 10m 切高时应力峰值降低了约 10%，应力稳定值降低了约 34%。此外，应力达到峰值的滞后工作面距离增加，说明增大切顶高度有利于采空区岩层快速达到稳定，现场实测结果与数值模拟对应。

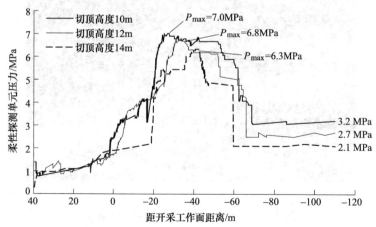

图 4-54　工作面间煤体应力现场监测结果

4.2.3.3 巷道变形控制规律

现场实践发现，未采用切顶卸压技术前，巷道顶底板及两帮最终移近量均超过 900mm，采用定向切顶卸压技术后，巷道变形明显好转。图 4-55 为现场实测的不同切顶高度下典型测点巷道变形及变形速率。采用切顶卸压技术后，巷道两帮及顶底板移近变形均控制在 300mm 之内，但不同切顶高度下，巷道变形量及变形速率有所差别。

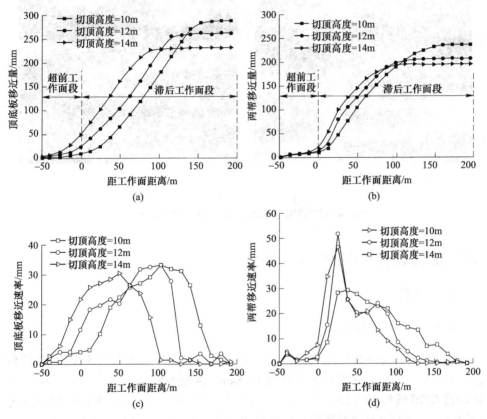

图 4-55 不同切顶高度巷道变形现场实测结果

(a) 顶底板移近量；(b) 两帮移近量；(c) 顶底板移近速率；(d) 两帮移近速率

超前工作面段，顶底板即有一定变形，但此时两帮变形很小。滞后工作面，巷道变形开始快速增加，说明受到采空区覆岩运动影响。切顶高度为 10m、12m 和 14m 时，巷道顶底板最终移近变形量分别为 287mm、261mm 和 231mm，两帮移近量分别为 236mm、207mm 和 195mm。从变形速率分析可知，增大切顶高度有利于减小最大变形速率。当变形速率趋于零时说明巷道达到稳定，切顶高度为 10m、12m 和 14m 时，巷道顶底板变形稳定距离分别为滞后工作面约 100m、125m 和

180m，两帮变形稳定距离分别为滞后工作面约 115m、130m 和 181m。整体分析巷道变形实测结果可知，增强切顶效果有利于减小巷道变形，加快围岩稳定。

通过定向切顶卸压技术这一新型的巷道控制技术的实施，可达到改变巷道围岩结构、切断顶板的应力传递、实现优化应力分布的目的。切顶后的顶板能够按设计位置垮落，充分碎胀支撑基本顶，使目的巷道处于卸压区，减少高应力环境的威胁。现场工程应用效果如图 4-56 所示。

(a)　　　　　　　　　　　　　　　　　(b)

图 4-56　现场应用效果

（a）采用切顶卸压技术前；（b）采用切顶卸压技术后

4.3　典型应用三：深井高应力开采

4.3.1　工程概况

4.3.1.1　矿井概况

郭屯煤矿东距 S254 省道约 4.9km，东南距济广高速公路（G35 线）、日兰高速公路（G1511 线）随官屯出入口约 12.8km，距兖新铁路巨野站约 25.5km。西距国道 G220 线约 10.0km，西北距京九铁路郓城站约 19.8km，矿山计划修建的运煤专线将与京九铁路线连接。该矿采用立井开拓，设置主井、副井、风井三个井筒。矿井开拓方式为单水平、上下山开采，水平标高 −808m。矿井主采 3 煤层（包括 $3_上$、$3_下$ 煤层），采煤方法采用走向长壁式采煤法，后退式回采，全部冒落法管理顶板。回采工艺采用综采和综放开采工艺。

全矿井共划分为 10 个采区，其中一采区为首采区，四采区位于矿井南部，与一采区和八采区相邻。为确保采掘正常接续和矿井安全生产，郭屯煤矿于 2013 年 2 月和 6 月先后完成了四采区补充勘探报告，于 2012 年 7 月完成了四五采区三维地震勘探报告，并委托相关单位于 2015 年编制完成了《山东鲁能菏泽煤电开发有限公司郭屯煤矿四采区初步设计》。

4.3.1.2　工作面地质条件

4306 工作面采 $3_下$ 煤层，地面标高为 $+41.60 \sim +45.38\text{m}$，煤层标高在 $-848 \sim -763\text{m}$ 之间，煤层赋存较为稳定，结构简单，在掘进范围内煤层平均厚度约 2.70m，煤层走向为 $220° \sim 270°$，倾向为 $310° \sim 360°$，倾角为 $0° \sim 10°$，平均为 $5°$；瓦斯绝对涌出量为 $0.17\text{m}^3/\text{min}$，相对涌出量为 $2.10\text{m}^3/\text{t}$；二氧化碳绝对涌出量为 $0.20\text{m}^3/\text{min}$，相对涌出量为 $2.47\text{m}^3/\text{t}$。确定 4306 工作面为低瓦斯、低二氧化碳工作面；煤尘具有强爆炸危险性，煤层属Ⅱ类自然发火煤层；4306 工作面煤层原始地温一般在 $35 \sim 37℃$ 之间；$3_下$ 煤层及其顶、底板具有弱冲击倾向性，根据原岩应力实测和次生应力监测结果，地应力对矿井的影响以水平应力作用为主导，而非传统的垂直应力为主导，局部地区受构造影响，垂直应力为主导。

4306 综采工作面 B2-3 号钻孔柱状图如图 4-57 所示，结合地质钻孔资料、4306 工作面胶带和运输顺槽掘进过程中岩性探孔图，4306 工作面顶板以细砂岩、粉砂为主，底板以泥岩、细砂岩为主，局部有伪顶厚 $0 \sim 0.5\text{m}$，岩性为泥岩（偶见炭质泥岩）。

累深/m	层深/m	柱状图	岩性名称	岩性描述
789.30	13.00		细砂岩	灰、浅灰色，薄层状，夹泥岩薄层及余带，呈水平或波状层理，沿层理面分布炭泥质及沥青质和白云母片，植物茎叶化石碎片，具裂隙，充填方解石，岩芯较完整
791.15	1.80		3煤上	黑色，亮煤为主，为半亮型煤
793.00	1.85		泥岩	灰色，呈参差状断口，含植物根化石
807.27	14.27		粉砂岩	灰、深灰色，夹细砂岩条带，呈水平层理，含植物茎叶化石
817.95	10.68		细砂岩	灰、灰白色，块状，中厚层状育，填方解石，泥质胶结，岩芯完整
820.95	2.95		3煤下	黑色，层状构造，亮煤为主，暗煤次之
823.45	2.50		泥岩	灰色，呈参差状断口，含植物根化石
831.18	7.73		细砂岩	灰、灰白色，块状，中厚层状育，充填方解石，泥质胶结，岩芯完整
846.39	15.21		泥岩	泥岩、深灰色，块状，含粉砂质，断口呈平坦状，含菱铁矿结核和植物茎叶化石

图 4-57　B2-3 号钻孔柱状图

4306 工作面位于工业广场西南约 2290m，工作面标高为 -845～-800m，4306 工作面东为 4307 工作面，西为 F9（∠70°H＝0～7m）断层，北为 1301 采空区，南为实体煤；所采煤层为 $3_下$ 煤层，工作面沿 $3_下$ 煤层顶板掘进，在掘进范围内煤层平均厚度约 2.70m，可采储量 57 万吨；4306 工作面布置方式为倾向长壁布置，工作面回采方式为综合机械化回采，利用四采区辅助轨道巷作为 4306 轨道顺槽与 4306 胶带顺槽、4306 切眼构成工作面生产系统。巷道总工程量为 2224m，其中 4306 轨道顺槽 1008.37m，4306 胶带顺槽 1008.35m，4306 面切眼 208.00m。工作面推采长度为 788m，如图 4-58 所示。

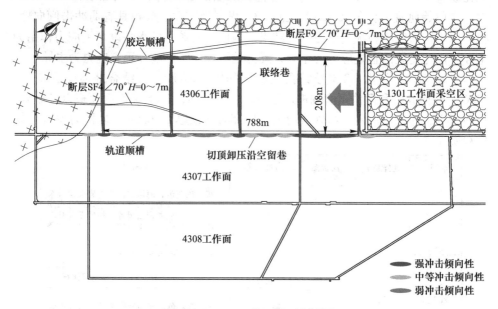

图 4-58   4306 工作面井下布置图

4.3.2   方案设计

4.3.2.1   NPR 锚索加固设计

为了保证切顶过程和周期来压期间巷道的稳定性，在对巷道顶板进行预裂切顶前采用 NPR 恒阻锚索补强加固。为使 NPR 恒阻锚索在留巷的过程中发挥较好的悬吊作用，同时有效保护锚固端，因此 NPR 恒阻锚索长度一般设计为 H 缝＋2.0m＋外露长度（0.3m），并确保锚固端位于较稳定岩层内。考虑到顶板岩层分布、巷道原有支护参数情况，根据顶板分区设计，留巷第Ⅰ段恒阻锚索设计长度为 10.8m，第Ⅱ段恒阻锚索设计长度为 9.3m，第Ⅲ段恒阻锚索设计长度为 10.8m。

NPR 恒阻锚索垂直于顶板方向布置，共布设 3 列，第一列恒阻锚索距预留巷道回采帮 500mm，排距为 800mm；第二列恒阻锚索布置距第一排 1300mm，恒阻锚索间的排距为 2400mm，恒阻锚索相邻锚索之间用 5mm×250mm W 钢带连接（平行于巷道走向）；第三列恒阻锚索布置在距预留巷道实体煤帮 500mm 处，排距为 4000mm，恒阻锚索支护图如图 4-59 所示。NPR 恒阻锚索直径取为 21.8mm，恒阻器长 450mm，直径为 85mm，恒阻值为（33±2）t，预紧力不小于 28t。

根据微震能量等级和巷道支护对应的防冲设计进行验算，每米巷道恒阻锚索吸收能量 $W_{et} = n \times F_{恒阻值} \times l_{最大变形}$，$n$ 为每米巷道恒阻锚索数量。经计算，每米巷道恒阻锚索吸收能量 $W_{et} = 1.92 \times 3.3 \times 10^5 N \times 0.4m = 2.5344 \times 10^5 J$，对应的防冲等级为 1.5 级矿震。4306 工作面评价为中等冲击危险，相邻工作面 4305 开始回采至今共监测到微震事件 331 次，平均每天 3.2 次，监测到最大能量为 $1 \times 10^4 J$，平均能量为 $1.12 \times 10^3 J$，安全系数按照 1.5 计算，本次主动支护设计完全满足 4306 工作面防冲安全要求。

轨道顺槽切缝孔支护平面展开图如图 4-60 所示。

4.3.2.2　顶板预裂切缝设计

采用双向聚能爆破预裂技术，将特定规格的炸药装在两个设定方向有聚能效应的聚能装置中，炸药起爆后，炮孔围岩在非设定方向上均匀受压，而在设定向上集中受拉，依靠岩石抗压怕拉的特性，使岩石按设定方向拉裂成型，从而实现被爆破体按设定方向张拉断裂成型。

该爆破技术是在对比研究多种聚能爆破和定向爆破方法的基础上发展起来的一种新型聚能爆破技术，施工工艺简单，应用时只需要在预裂线上施工炮孔，采用双向聚能装置装药，并使聚能方向对应于岩体预裂方向。爆轰产物将在两个设定方向上形成聚能流，并产生集中张拉应力，使预裂炮孔沿聚能方向贯穿，形成预裂面。由于钻孔间的岩石是断裂的，爆破炸药单耗将大大下降，同时由于聚能装置对围岩的保护，钻孔周边岩体所受损伤也大大降低，可以达到实现预裂的同时又可以保护巷道顶板。

根据顶板分区设计，第 I 段范围内的煤层相对较厚，在不考虑底臌及顶板下沉的情况下，工作面采高取 3.3m，考虑岩体碎胀系数，设计切缝深度取为 2.6 倍的采高，同时考虑冲击地压对切顶留巷段动压扰动的影响，则最终的切缝深度取为 8.5m；第 II 段范围内的煤层相对较薄，在不考虑底臌及顶板下沉的情况下，工作面采高取最大值 2.7m，考虑岩体碎胀系数，设计切缝深度取为 2.6 倍的采高，则最终的切缝深度取为 7m；第 III 段范围内的煤层相对较薄，在不考虑底臌及顶板下沉的情况下，工作面采高取最大值 2.7m，同时考虑断层带对切顶留巷

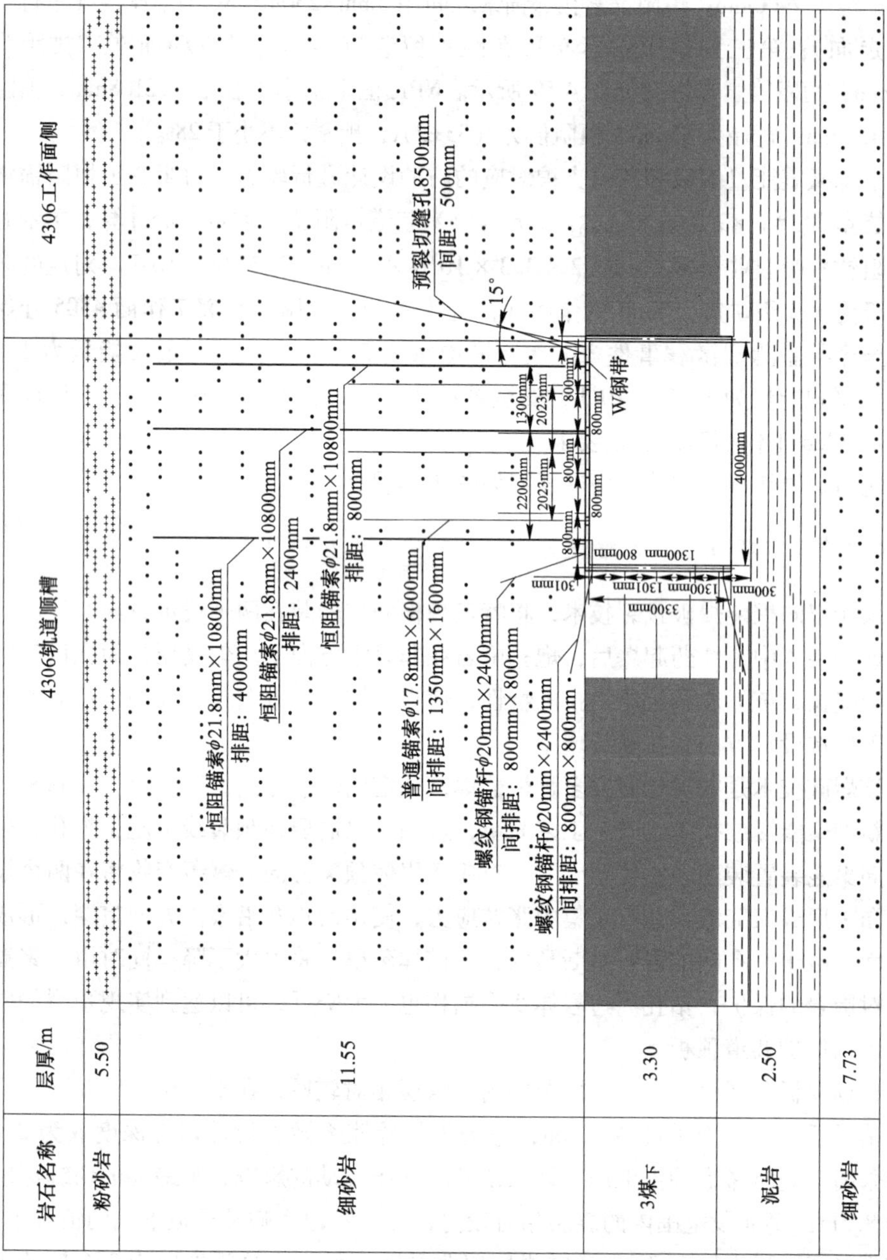

岩石名称	层厚/m
粉砂岩	5.50
细砂岩	11.55
3煤下	3.30
泥岩	2.50
细砂岩	7.73

4306工作面侧

4306轨道顺槽

预裂切缝孔8500mm
间距: 500mm
15°

恒阻锚索φ21.8mm×10800mm
排距: 4000mm
恒阻锚索φ21.8mm×10800mm
排距: 2400mm
恒阻锚索φ21.8mm×10800mm
排距: 800mm

普通锚索φ17.8mm×6000mm
间排距: 1350mm×1600mm
螺纹钢锚杆φ20mm×2400mm
间排距: 800mm×800mm
螺纹钢锚杆φ20mm×2400mm
间排距: 800mm×800mm

W钢带

1300mm
2023mm
800mm
800mm
800mm
2200mm
2023mm
800mm
800mm
4000mm
800mm
1300mm 800mm
1300mm
1300mm 1300mm
300mm
3300mm

(a)

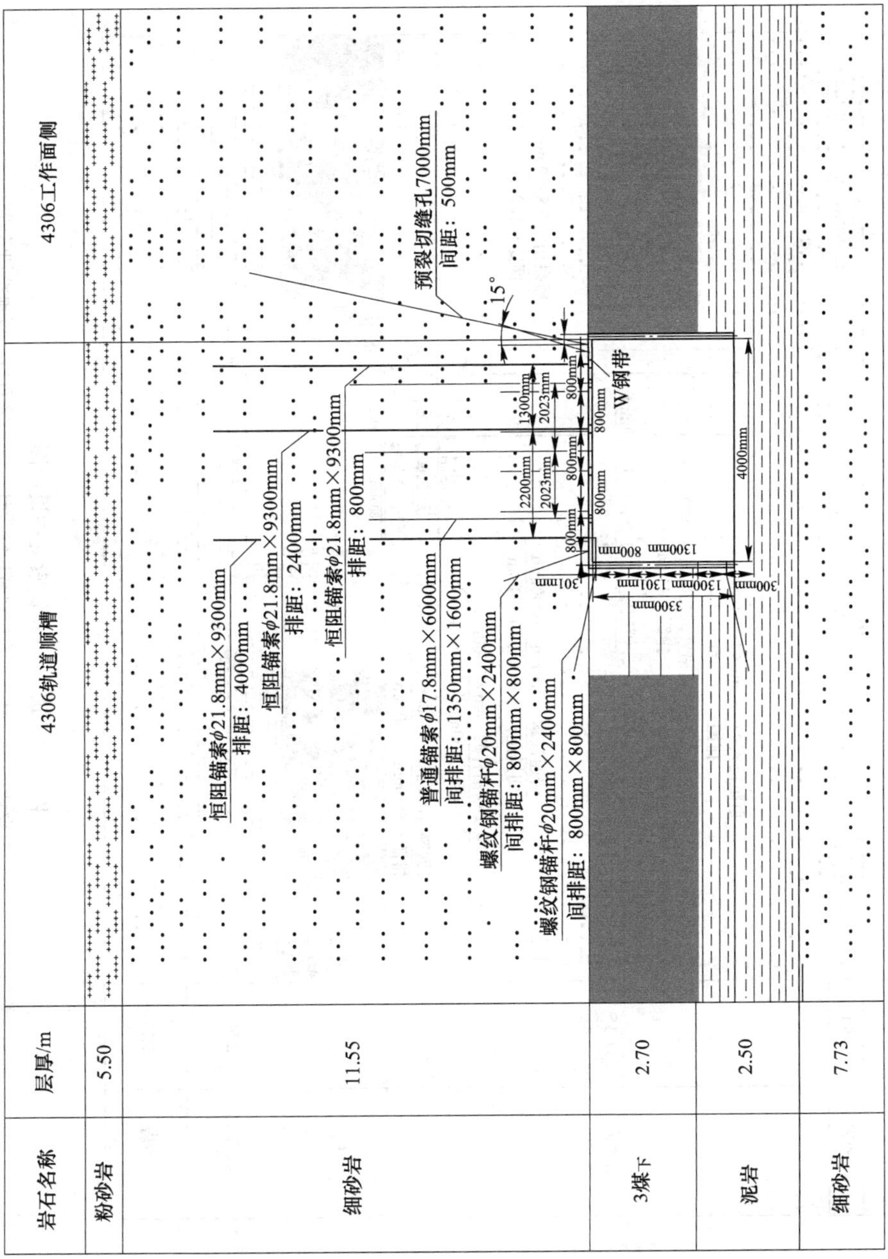
岩石名称
层厚/m
粉砂岩
5.50
细砂岩
11.55
3煤下
2.70
泥岩
2.50
细砂岩
7.73
4306轨道顺槽
4306工作面侧
恒阻锚索φ21.8mm×9300mm
排距：4000mm
恒阻锚索φ21.8mm×9300mm
排距：2400mm
恒阻锚索φ21.8mm×9300mm
排距：800mm
普通锚索φ17.8mm×6000mm
间排距：1350mm×1600mm
螺纹钢锚杆φ20mm×2400mm
间排距：800mm×800mm
螺纹钢锚杆φ20mm×2400mm
间排距：800mm×800mm
预裂切缝孔7000mm
间距：500mm
15°
W钢带
4000mm
3300mm
2200mm
2023mm
1300mm
1301mm
800mm
301mm
300mm

(b)

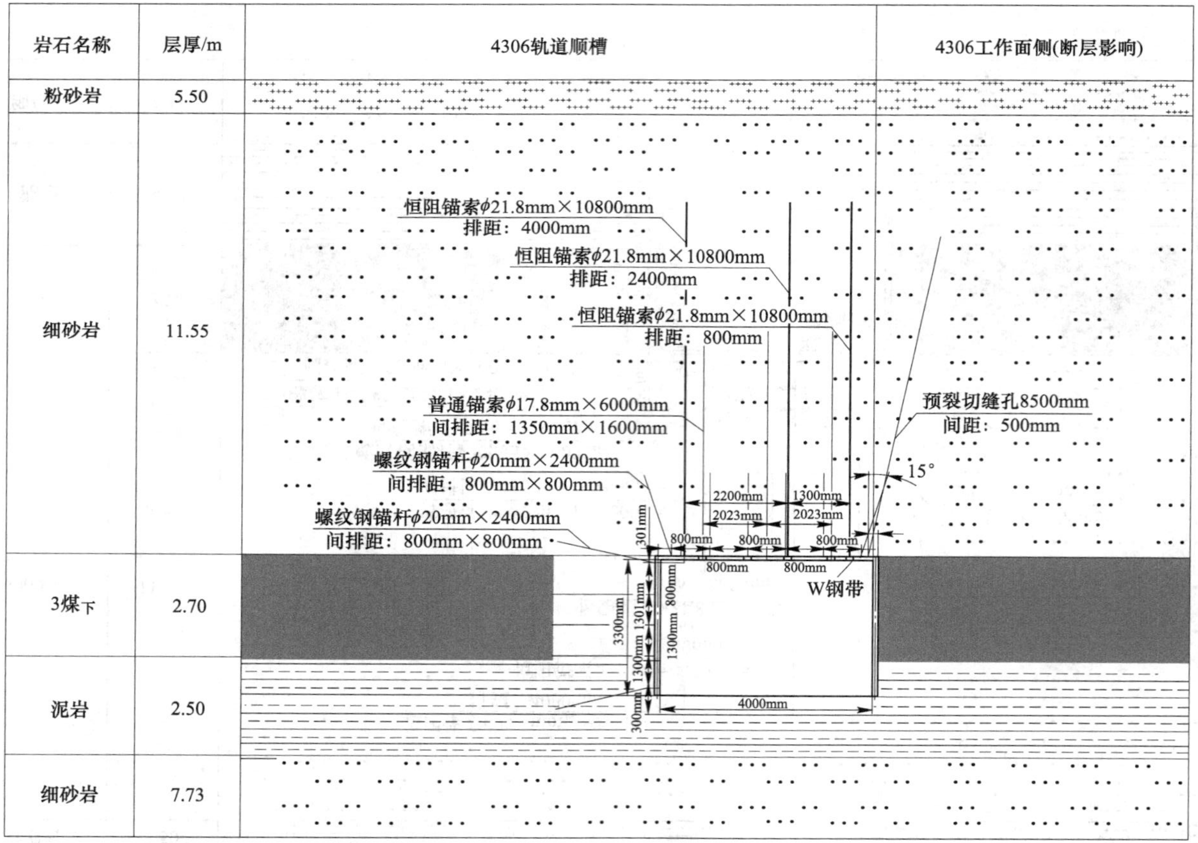
岩石名称
层厚/m
4306轨道顺槽
4306工作面侧(断层影响)
粉砂岩
5.50
细砂岩
11.55
3煤下
2.70
泥岩
2.50
细砂岩
7.73
恒阻锚索φ21.8mm×10800mm
排距：4000mm
恒阻锚索φ21.8mm×10800mm
排距：2400mm
恒阻锚索φ21.8mm×10800mm
排距：800mm
普通锚索φ17.8mm×6000mm
间排距：1350mm×1600mm
螺纹钢锚杆φ20mm×2400mm
间排距：800mm×800mm
螺纹钢锚杆φ20mm×2400mm
间排距：800mm×800mm
预裂切缝孔8500mm
间距：500mm
15°
2200mm
1300mm
2023mm
2023mm
800mm
800mm
800mm
800mm
800mm
301mm
3300mm
1301mm
1300mm
1300mm
300mm
800mm
W钢带
4000mm

(c)

图 4-59 顶板 NPR 锚索支护设计图

(a) 第Ⅰ段顶板预裂切缝设计；(b) 第Ⅱ段顶板预裂切缝设计；(c) 第Ⅲ段顶板预裂切缝设计

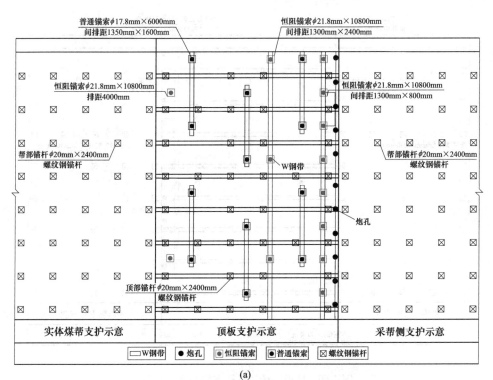

(a)

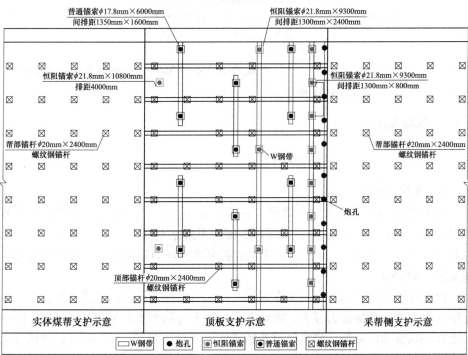

(b)

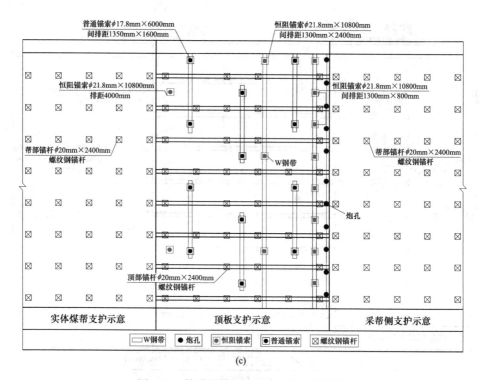

图 4-60　轨道顺槽切缝孔支护平面展开图

（a）第 I 段切缝孔支护平面展开图；（b）第 II 段切缝孔支护平面展开图；

（c）第 III 段切缝孔支护平面展开图

段动压扰动的影响，最终的切缝深度取为 8.5m。4306 工作面留巷段顶板预裂切缝分区设计剖面图如图 4-61 所示。

4.3.3　现场应用

4.3.3.1　工作面内评价效果

A　采空区矸石碎胀充填效果

（1）碎石帮挡矸支护压力监测。根据工作面推进度和侧向应力监测仪布置情况，选取巷道采空区侧 C1、C2 和 C3 侧向压力监测点，分别距 4306 工作面留巷起始点 50m、100m 和 150m，三个测点挡矸支护压力随滞后工作面距离变化曲线如图 4-62 所示。

由上述图分析可知：滞后工作面 51~72m 时，侧向压力达到最大值，表明这个阶段基本顶垮落冲击力较大，需要重点做好安全防护措施；随后在 115~130m 处出现小幅波动后降低，垮落矸石开始压实；滞后工作面约 250m 时，侧向压力基本稳定至平均值 0.64MPa。

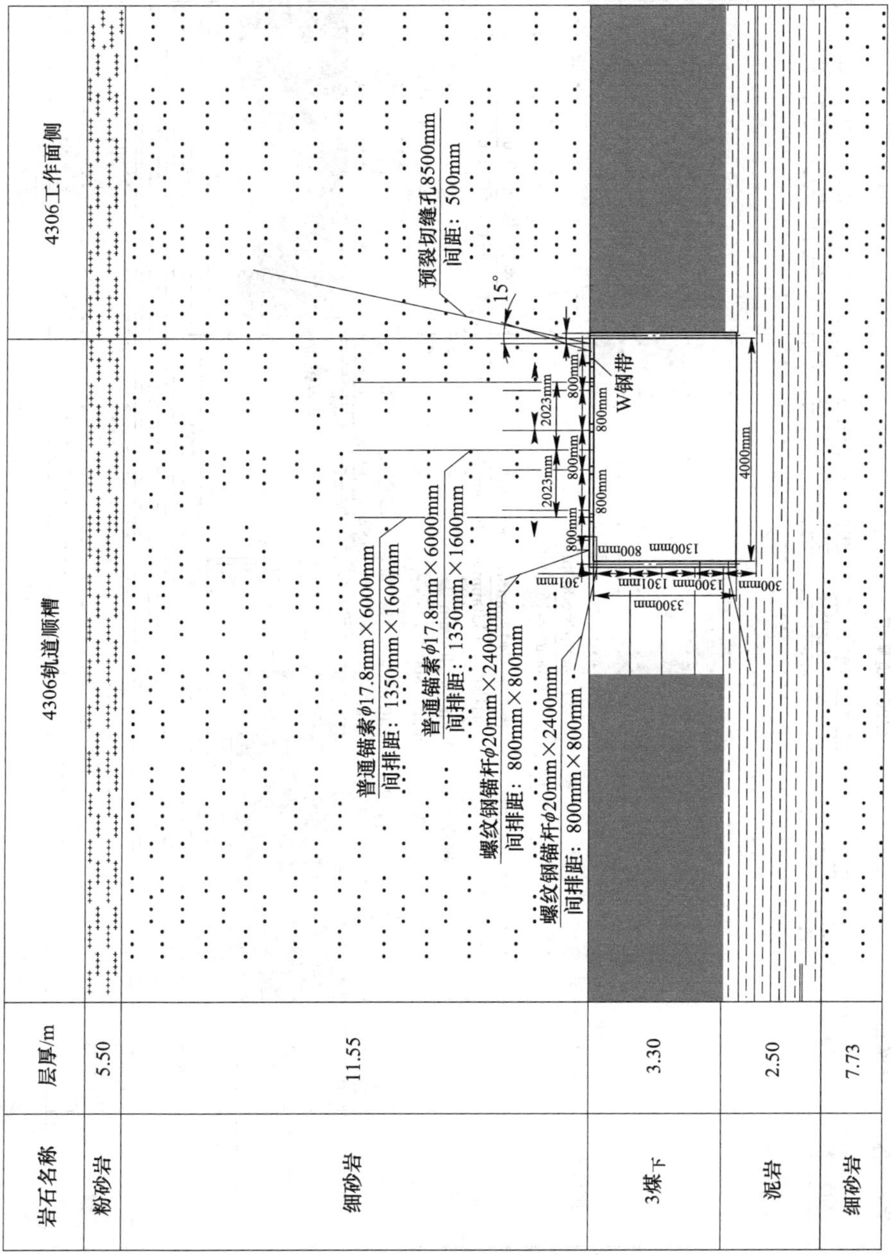

岩石名称	层厚/m	
粉砂岩	5.50	4306工作面侧
细砂岩	11.55	4306轨道顺槽
3煤下	3.30	
泥岩	2.50	
细砂岩	7.73	

预裂切缝孔8500mm
间距：500mm
15°

普通锚索φ17.8mm×6000mm
间排距：1350mm×1600mm

普通锚索φ17.8mm×6000mm
间排距：1350mm×1600mm

螺纹钢锚杆φ20mm×2400mm
间排距：800mm×800mm

螺纹钢锚杆φ20mm×2400mm
间排距：800mm×800mm

W钢带

800mm　800mm　800mm　800mm　800mm　800mm　800mm
2023mm　2023mm
4000mm
1300mm
301mm　300mm　1300mm　1300mm　301mm
3300mm

(a)

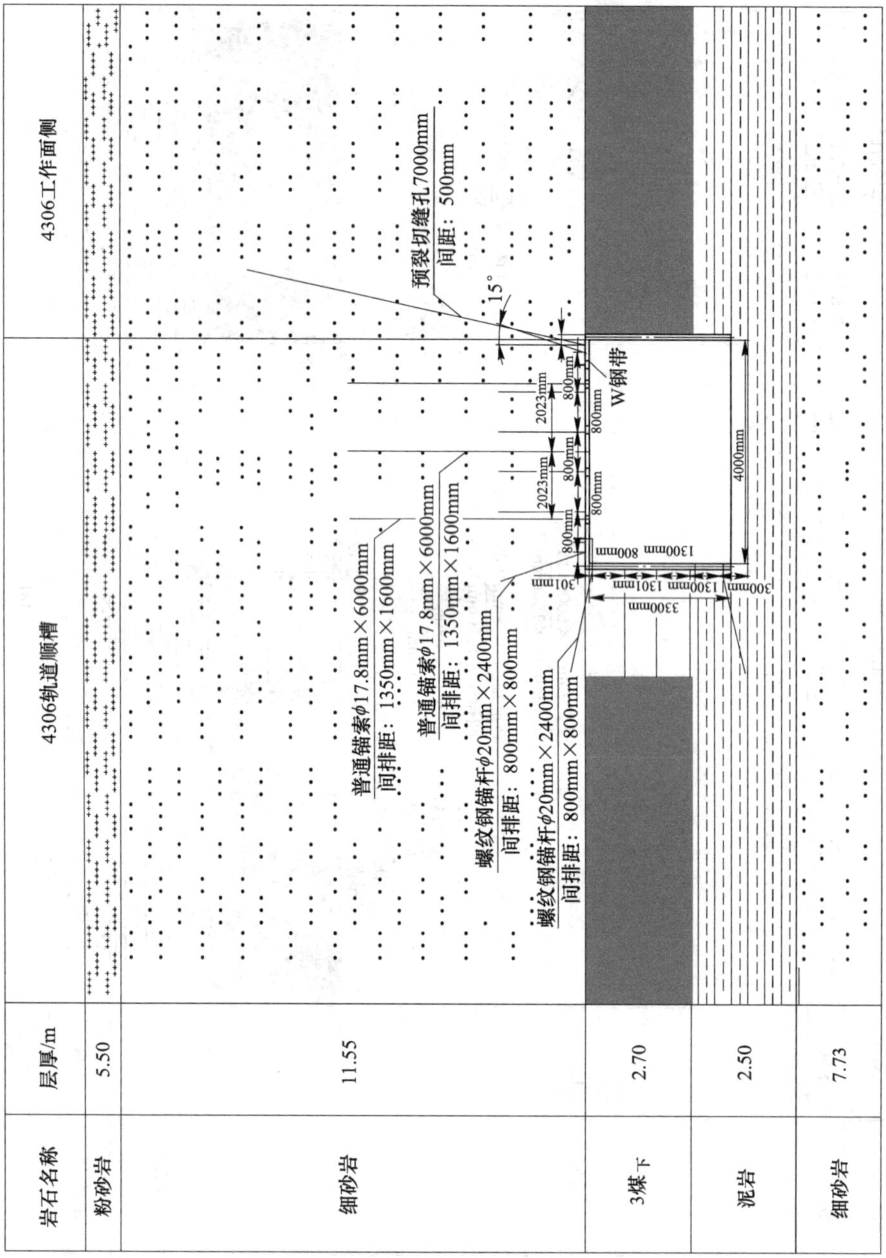

岩石名称	层厚/m	
粉砂岩	5.50	4306工作面侧
细砂岩	11.55	4306轨道顺槽
3煤下	2.70	
泥岩	2.50	
细砂岩	7.73	

预裂切缝孔7000mm
间距：500mm

15°

W钢带

2023mm　800mm
2023mm　800mm

800mm
800mm

4000mm

普通锚索φ17.8mm×6000mm
间排距：1350mm×1600mm

普通锚索φ17.8mm×6000mm
间排距：1350mm×1600mm

螺纹钢锚杆φ20mm×2400mm
间排距：800mm×800mm

螺纹钢锚杆φ20mm×2400mm
间排距：800mm×800mm

800mm
300mm　1300mm　1300mm　1300mm　300mm
3300mm

(b)

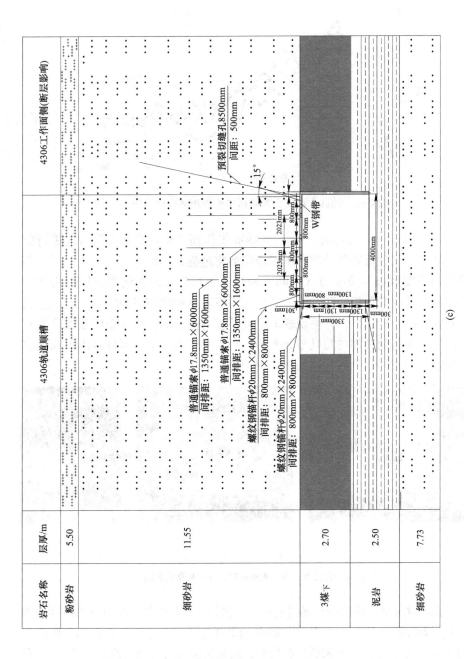

图 4-61 顶板预裂切缝设计断面图

(a) 第 I 段顶板预裂切缝设计；(b) 第 II 段顶板预裂切缝设计；(c) 第 III 段顶板预裂切缝设计

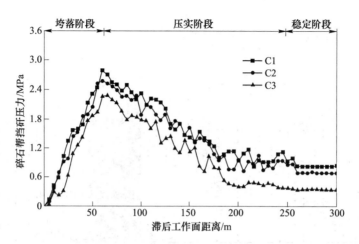

图 4-62　挡矸支护压力随滞后工作面距离变化曲线

（2）采空区矸石碎胀充填效果。对 4306 工作面采空区顶板垮落情况进行监测，研究深井坚硬顶板垮落及动态压实稳定演化过程。挡矸支护采用"双层钢筋网+U 型钢+防漏风布"支护方式，同时采用密封材料及时封闭采空区。为便于观察工作面后采空区顶板垮落过程，工作面后临时支护段布置观测点，观测点设置可以开启和闭合的窗口，方便观察采空区顶板垮落情况，待采空区顶板垮落充实采空区后，在外侧补加防漏风布和密闭材料。每天观测采空区矸石垮落和压实程度，采空区碎胀矸石观测过程如图 4-63 所示。

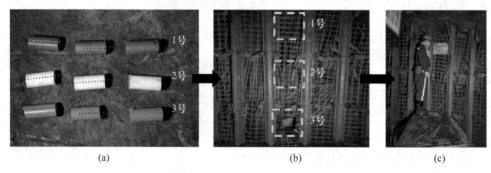

图 4-63　采空区碎胀矸石观测过程
（a）预制标记物；（b）观察窗口；（c）垮落后观测

现场实际对采空区碎胀矸石观测过程时，在朝前段巷道切缝孔内布置高度分别为 H_1、H_2、H_3 的三个测点，采用不同颜色的 PVC 管作为标志物，测点编号依次为 1 号、2 号和 3 号，工作面开采后顶板垮落，测量顶板垮落后测点的高度 H_1'、H_2' 和 H_3'，如图 4-64 所示。垮落后测点高度与垮落前测点距巷道顶板高度的比值即为测点对应位置的岩层碎胀系数值，取三个测点平均值为矸石的碎胀系数。

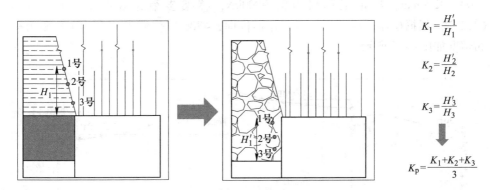

$$K_1 = \frac{H'_1}{H_1}$$

$$K_2 = \frac{H'_2}{H_2}$$

$$K_3 = \frac{H'_3}{H_3}$$

$$K_p = \frac{K_1 + K_2 + K_3}{3}$$

图 4-64 现场碎胀系数测量示意图

通过对现场碎胀系数进行统计，矸石碎胀系数随滞后工作面距离为指数函数，如图 4-65 所示，郭屯煤矿试验工作面最终残余碎胀系数稳定于 1.34～1.38。根据现场实际反馈结果，碎胀矸石在垮落压实条件下碎胀量呈现快速递减后稳定变形的趋势，垮落压实前期碎石变形以大块度堆积为主，后期则以小块度压实为主，工作面后方矸石压实稳定区滞后工作面 200～250m，碎胀系数平均值为 1.36，满足碎胀平衡方程设计要求。

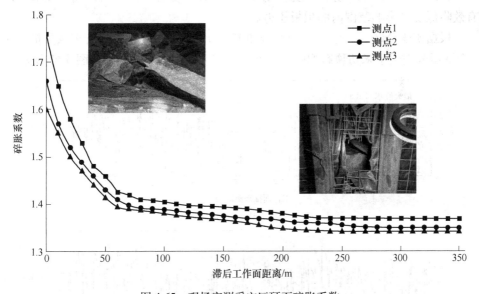

图 4-65 现场实测采空区矸石碎胀系数

B 采面支架压力卸压效果

工作面配置液压支架 120 架，对工作面实行全支护法管理，支撑高度为

2100~4200mm，额定工作阻力为 9000kN，移架步距为 800mm，初撑力为 6412kN。根据矿压监测结果，沿工作面倾向，4306 工作面支架平均工作阻力分布情况如图 4-66 所示。

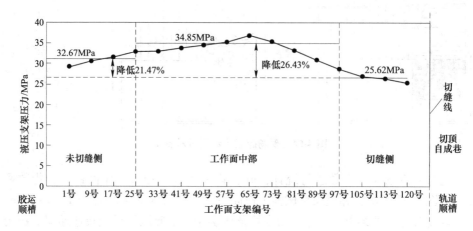

图 4-66   4306 工作面支架平均工作阻力分布

通过分析可知，切缝侧支架平均压力相对工作面中部区域降低了 26.43%，相对远离切缝侧的未切缝侧压力降低了 21.47%。表明切顶卸压自成巷技术可以有效降低切缝影响范围内的顶板压力。

根据矿压分区，选择 1 号、65 号和 120 号共 3 个液压支架进行重点分析，这 3 个液压分别位于未切顶影响区、中部未影响区和切顶影响区，如图 4-67 所示。

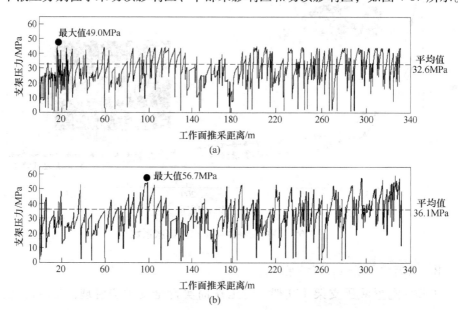

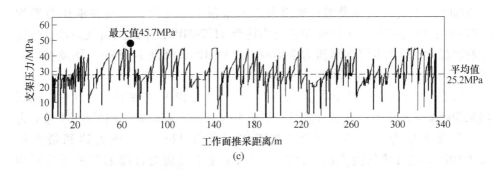

(c)

图 4-67　液压支架压力随工作面推采变化曲线

（a）未切缝侧（1 号）液压支架应力数据；（b）中部（65 号）液压支架应力数据；

（c）切缝侧（120 号）液压支架应力数据

由上述支架压力变化曲线分析得到工作面支架压力及来压步距情况，轨道顺槽留巷侧支架较皮带顺槽侧支架最大压力减小 3.3MPa；平均压力减小 7.4MPa，降低了 22.71%；轨道顺槽留巷侧较皮带顺槽侧最大周期来压步距增大 4.0m，平均周期来压步距增大 3.9m。

4.3.3.2　自成巷内矿压评价

A　工作面煤体支承压力

（1）工作面超前段回采帮支承压力。选择 1 号和 33 号钻孔应力计对工作面回采帮超前支承压力进行实时监测，如图 4-68 所示。胶运巷道回采帮 33 号应力

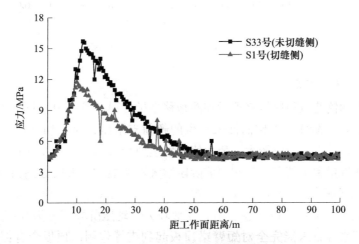

图 4-68　工作面超前段回采帮支承压力

计超前支承压力平均 6.69MPa，在工作面前方 13m 左右应力达到最大值 15.71MPa，超过红色预警值；轨道巷道回采帮 1 号应力计超前支承压力平均 5.73MPa；在工作面前方 10m 左右应力达到 11.74MPa，未达到黄色预警；与胶运巷道相比，轨道巷道支承压力平均减少 0.96MPa，降低 14.35%，切顶侧最大支承压力减少 3.97MPa，降低 25.27%。

（2）工作面超前段实体帮支承压力。选择 2 号和 34 号钻孔应力计对工作面回采帮超前支承压力进行实时监测，如图 4-69 所示，胶运巷道回采帮 34 号应力计超前支承压力平均 6.10MPa，在工作面前方 12m 左右应力达到最大值 13.09MPa，超过黄色预警值；轨道巷道回采帮 2 号应力计超前支承压力平均 5.27MPa；在工作面前方 10m 左右应力达到 9.77MPa，未达到黄色预警；与胶运巷道相比，轨道巷道支承压力平均减少 0.83MPa，降低 13.61%，切顶侧最大支承压力减少 3.32MPa，降低 25.36%。

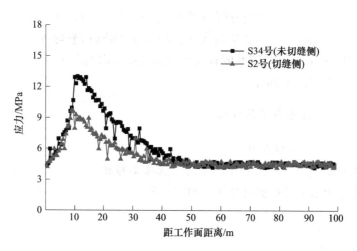

图 4-69 工作面超前段实体帮支承压力

B 巷道围岩变形

工作面两侧巷道顶底板移近量和两帮移进量分别如图 4-70 和图 4-71 所示。

（1）在超前阶段，工作面回采产生的超前支承压力对未切缝侧巷道顶底板移近量和两帮移进量影响较大，最大值分别达到 96.3mm 和 112.6mm；切缝侧巷道顶底板移近量和两帮移进量在超前阶段增大不明显，最大值分别为 56.8mm 和 86.3mm，分别降低了 41.02% 和 23.36%；

（2）在滞后动压阶段，巷道围岩变形较大，动压阶段范围为 0~250mm，一方面由于碎胀矸石未能完全对短臂梁顶板起到支撑作用，顶板会有部分旋转下沉、变形，另一方面单体和单元支架在提供高强支护阻力的时候会留有恒阻让压的空间，确保顶板下沉得到有效控制和支护设备安全运行；

（3）当滞后工作面距离大于250m后，巷道围岩变形才趋于稳定，初步判断郭屯煤矿切顶成巷架后250m位置为保守稳定区，现场应根据监测数据情况及时调整支护回撤方案。最终，顶底板移进量为528.6mm，两帮移进量为601.7mm，都低于原设计高度的20%，满足工程要求。

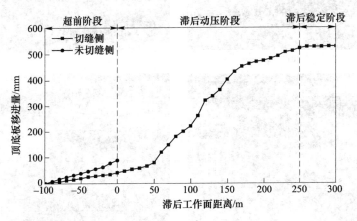

图4-70　工作面两侧巷道顶底板移近量

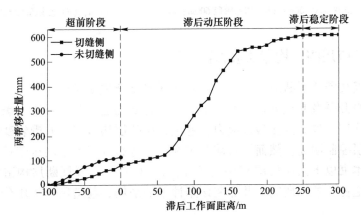

图4-71　工作面两侧巷道两帮移进量

4.3.3.3　现场应用效果

郭屯煤矿完成了切顶自成巷留巷和复用阶段全过程现场工业性试验，满足矿方生产要求，效果良好，如图4-72所示。

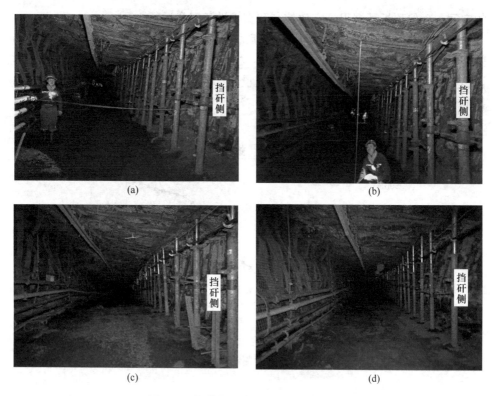

(a)   (b)

(c)   (d)

图 4-72   深井切顶自成巷现场留巷效果
（a）留巷阶段 300m；（b）留巷阶段 600m；（c）复用阶段 300m；（d）复用阶段 600m

4.4   典型应用四：构造高应力区开采

随着煤炭资源不断减少，煤炭开采逐渐向复杂地质条件过渡。断层及其破碎带是煤炭开采及巷道开挖过程中最常见的地质构造，其附近围岩破碎、自稳能力差，往往积聚着大量残余应力。巷道穿越断层构造时，其围岩变形的空间分布受断层控制明显。然而，目前关于断层构造影响下沿空动压巷道的控制研究较少。本书以下山峁煤矿 9101 工作面为工程背景，开展断层构造影响下沿空动压巷道控制技术研究，并探究该条件下的采场、巷道围岩矿压分布规律及控制技术。

4.4.1   工程概况

4.4.1.1   矿井概况

山西柳林鑫飞下山峁煤业有限公司位于山西省柳林县城北偏西直距约 20km 王家沟乡圪塔上村、延家峁村、任家山村、后备村一带，行政区划属于柳林县王家沟乡管辖。井田地理坐标：东经 $110°52'15''\sim110°54'11''$，北纬 $37°36'14''\sim37°37'31''$。井田东西长 2.850km，南北宽 2.375km，面积为 $4.0716km^2$。煤层开采标高为 $500\sim860m$。

井田地处晋西黄土高原，属吕梁山西侧的中低山区，黄土覆盖广泛，冲沟发育，地形起伏较大，地貌类型以侵蚀性黄土梁、峁为主，其次为黄土沟谷地貌中的冲沟，地势总体为南高北低，地形最高点位于井田中东部山头，海拔为 1081.5m，最低点位于井田北部沟谷，海拔为 820.0m 左右，最大相对高差为 261.5m，平均海拔为 951m。

矿井瓦斯绝对涌出量为 $3.13m^3/min$，二氧化碳绝对涌出量为 $3.35m^3/min$；瓦斯相对涌出量为 $1.26m^3/t$，二氧化碳相对涌出量为 $1.35m^3/t$；回采期间瓦斯最大绝对涌出量为 $1.57m^3/min$，矿井为低瓦斯矿井。煤矿地质构造类型为简单类型；煤层稳定程度地质类型属简单类型；矿井水文地质类型仍为中等类型。

4.4.1.2 工作面地质条件

A 工作面概况

9101 工作面为单斜构造，煤层结构简单。为进一步进行现场科研工作的开展，下山峁煤矿地测科对 9101 工作面回风顺槽（110 工法应用顺槽）开展了现场打钻工作，确定该巷道上方岩层的分布特征，现场采掘工程布置如图 4-73 所示。

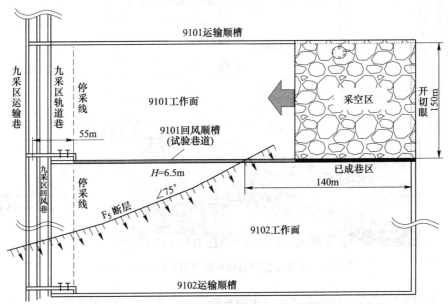

图 4-73　9101 工作面巷道布置图

B 围岩特征及地质构造

9 号煤层赋存太原组下部，上距 8 号煤层 11.20～19.60m，平均距离为 15.24m。根据井田内钻孔资料，煤层厚度为 1.55～3.5m，平均为 2.52m，一般不含或含 1~2 层夹矸，偶见 3 层，夹矸厚度为 0.20～0.70m，岩性为泥岩或炭质泥岩，总体上，井田内煤层结构较简单，煤层发育稳定，属全井田稳定可采煤层。9 号煤层直接顶岩性为泥岩、砂质泥岩、炭质泥岩，老顶多为中粒砂岩；底板为细粒砂岩、泥岩。东北部被采空。据工作面钻孔资料，9101 工作面巷道布置及留巷段钻孔柱状图如图 4-74 所示。本井田总体为一单斜构造，倾角为 2°～9°。本井田内仅发现 9 条小断层，落差为 0.6～2.6m，未见陷落柱，4 号煤层采掘过程中在本井田东北部。

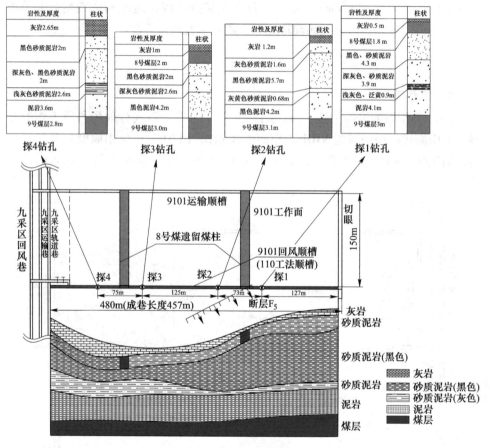

图 4-74 9101 工作面巷道布置及留巷段钻孔柱状图

断层是岩层或岩体顺破裂面发生明显滑移的构造，在地壳中广泛发育。下山峁煤矿 9101 工作面开采过程中揭露的 F_5 断层与工作面开采方向斜交，因此其影响范围更大。由于无煤柱自成巷是利用采空区碎胀的矸石护巷，因此成巷过程是紧随工作面进行的。如图 4-75 所示，工作面未开采至断层时（Ⅰ位置），巷道围岩不受断层影响，此时留巷与常规地质条件下相似。当工作面由上盘向下盘过渡开采，即工作面开采至Ⅱ附近位置时，由于断层构造本身的易活化性，导致留巷稳定性及矿压规律较常规开采差别较大。当液压支架继续前推至下盘后（Ⅲ位置），此时工作面内的液压支架受断层影响减小，但滞后工作面断层区域内的留巷仍会受到顶板岩体运动的影响。由此可见，工作面开采至距断层不同位置时，超前工作面、工作面内部及滞后工作面的巷道围岩活动均会受到断层影响，有必要对其进行深化研究。

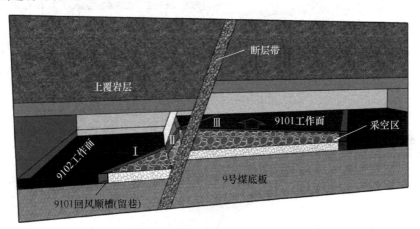

图 4-75　9101 工作面无煤柱自成巷过断层分区立体示意

4.4.2　方案设计

4.4.2.1　支护设计

A　主动支护

传统锚索支护仅能承受一次围岩变形，且变形量有限，当工作面采用切顶卸压无煤柱开采技术后，下一工作面沿空侧顺槽需要承受三次围岩变形的影响，首先是在预裂爆破时，受爆破产生的应力波影响，其次是工作面推过后，受采场上覆岩层的应力传递的影响，最后是在下一工作面开采时承受超前应力的影响。采用恒阻锚索能够很好地解决巷道三次受力的影响。

为了保证切顶成巷期间，尤其是采空区顶板剧烈运动期间巷道的稳定性，在对巷道顶板进行预裂爆破前，需超前采用恒阻大变形锚索加强支护。如图 4-76所示，根据矿方以往支护方式、巷道变形规律、工作面及巷道矿压显现规律等资料，对巷道顶板进行补强加固设计，共设计支护 3 列恒阻大变形锚索：其中靠近

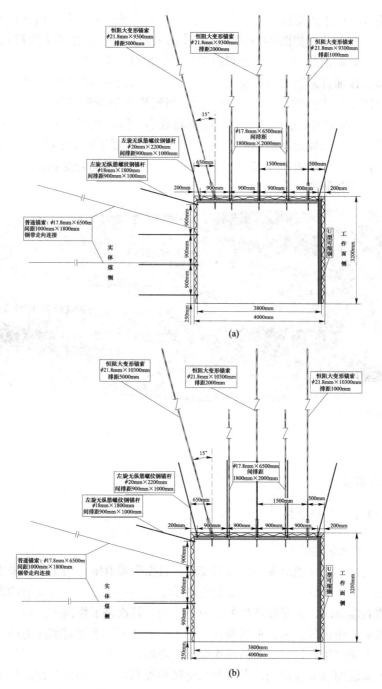

图 4-76 无煤柱自成巷开采主动支护分区设计
(a) 采空区下；(b) 断层及煤柱影响区

切缝侧的恒阻锚索（距工作面煤壁的距离500mm）排距为1m，用W型钢带相连，相邻W型钢带搭接长度不小于300mm；巷道中线位置的恒阻锚索垂直于顶板岩面布置，排距为2m，用梯子梁相连，两梯子梁相接处的限位孔用恒阻大变形锚索压住；靠近实体煤帮处的恒阻锚索（距实体煤壁的距离为650mm）与顶板铅垂线呈15°布置，排距为5m。恒阻锚索直径取为21.8mm。根据前期的数值模拟可知，断层区和煤柱区应力较大，该区域钢绞线长度设计为10.3m，常规采空区下钢绞线长度设计为9.3m。恒阻器长（460±5）mm（扩孔深度（500±10）mm），外径为79~90mm，恒阻值为（32±3）t，变形量为（300+50）mm，预紧力不小于25t。

危险区所有下一工作面实体煤帮处补打两列普通锚索（φ15.24mm×6500mm），第一列锚索距顶板800mm，第二排锚索距顶板1800mm，锚索排距为1800mm，两列锚索均以钢带连接，一般危险区和相对稳定区保持原支护不变。

B "三级"临时支护技术

由于上覆煤层已经采空，该种地质条件下的临时被动支护极为关键。根据现场巷道压力及变形情况，应进行分区控制。

相对稳定区顶板较为稳定，支护强度也相应减弱，采用一级支护措施，巷内全部采用单体液压支柱进行支护，采用"一梁四柱"临时支护方式。三列单体布置于靠近采空区位置，实体煤帮侧布置一列恒阻锚索，如图4-77所示。

一般危险区顶板压力较危险区有所减小，针对现场矿压监测及围岩稳定情况，提出采用二级支护方式，采用切顶护帮支架和单体支柱组合支护方式，如图4-78所示。切顶护帮支架靠近采空区布置，单体支柱布置两列，排距为1m。切顶护帮支架型号为ZQ4000/20.6/45，采用两柱支撑式，额定工作阻力为4000kN，最小支撑高度为2m，最大支撑高度为4.6m。

危险区采用三级支护，围岩控制以门式支架和切顶护帮支架为主进行支护（如图4-79和图4-80所示），其中门式支架长2800mm，宽300mm，高2200~4100mm，支架重量为1.8t。门式支架中心排距为1500mm，一端安放在切顶护帮支架侧面的位置，另一端靠近实体煤帮，与巷道走向约呈45°夹角，保证切顶护帮支架的回撤尺寸要求。此外，实体煤帮补打普通锚索加固，在巷道顶板中部补打点锚索，补打锚索排距为2000mm。补打过程中应根据锚索施工实际情况，在顶板空置范围较大区域、破碎区域或原锚索失效区域补打锚索。危险区受到断层、煤柱等因素共同影响，围岩压力大，留巷期间临时支护（切顶护帮支架和门式支架）不回撤，需下一工作面回采至该位置时方可进行回撤。

岩性	厚度	柱状
黑色砂质泥岩	5.7m	
灰黄色砂质泥岩	0.68m	
黑色泥岩	4.2m	
9号煤层	3.0m	

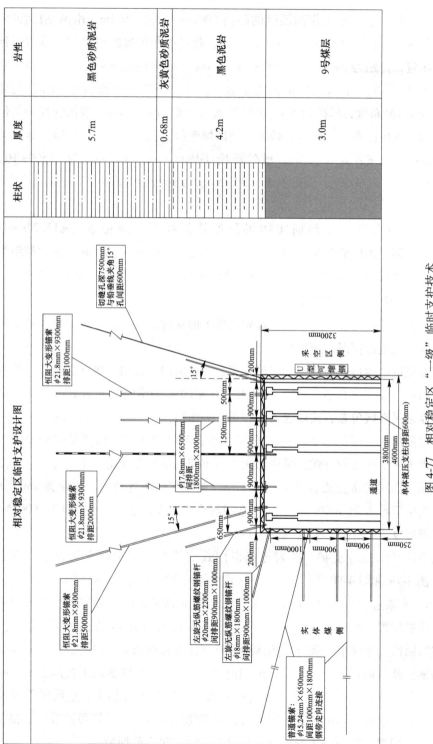

相对稳定区临时支护设计图

图 4-77　相对稳定区 "一级" 临时支护技术

柱状	厚度	岩性
	5.7m	黑色砂质泥岩
	0.68m	灰黄色砂质泥岩
	4.2m	黑色泥岩
	3.0m	9号煤层

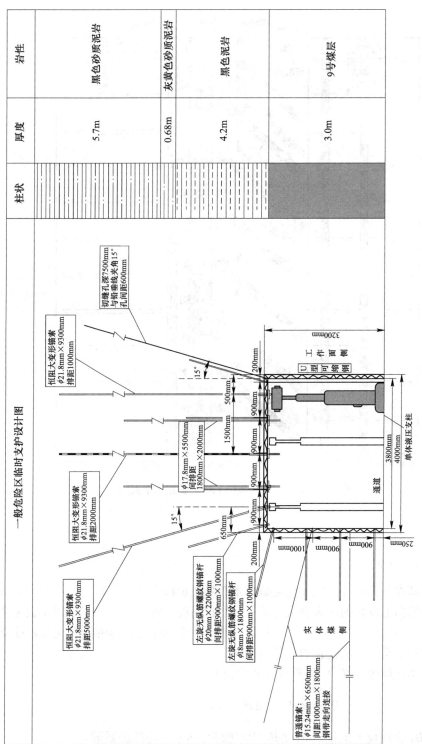

一般危险区临时支护设计图

切缝孔深7500mm
与轨垂线夹角15°
孔间距600mm

恒阻大变形锚索
φ21.8mm×9300mm
排距1000mm

恒阻大变形锚索
φ21.8mm×9300mm
排距2000mm

恒阻大变形锚索
φ21.8mm×9300mm
排距5000mm

φ17.8mm×5500mm
间排距
1800mm×2000mm

左旋无纵筋螺纹钢锚杆
φ20mm×2200mm
间排距900mm×1000mm

左旋无纵筋螺纹钢锚杆
φ18mm×1800mm
间排距900mm×1000mm

普通锚索：
φ15.24mm×6500mm
间距1000mm×1800mm
钢带走向连接

工作面侧

U型可缩钢

单体液压支柱

通道

实体煤侧

一般危险区"二级"临时支护

图 4-78 一般危险区"二级"临时支护技术

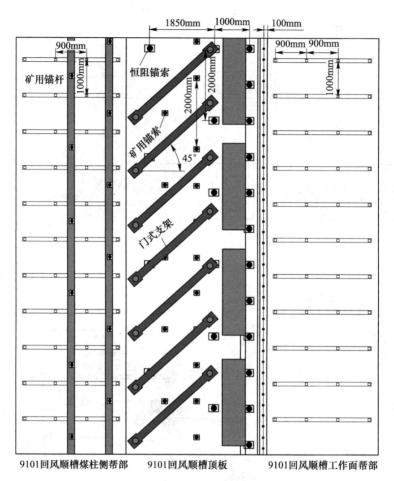

图 4-79 危险区"三级"临时支护技术平面图

4.4.2.2 切顶设计

A 切顶高度

切顶高度是指通过定向聚能爆破技术对煤层顶板定向切割裂缝，从顺槽顶板平面到切缝向上发育的最大垂直距离称为切顶高度。定向爆破切割顺槽顶板是切顶卸压沿空留巷技术核心环节，足够的切缝高度能够保证切落的矸石充分碎胀支撑起采空区上覆岩层的老顶岩梁的运动。

预裂切缝深度（$H_缝$）临界设计公式如下：

$$H_缝 = (H_煤 - \Delta H_1 - \Delta H_2)/(K - 1)$$

式中，ΔH_1 为顶板下沉量，m；ΔH_2 为底臌量，m；K 为碎胀系数。

柱状	厚度	岩性
	4.3m	黑色砂质泥岩
	3.9m	深灰砂质泥岩
	0.9m	浅黄砂质泥岩
	4.1m	泥岩
	3.0m	9号煤层

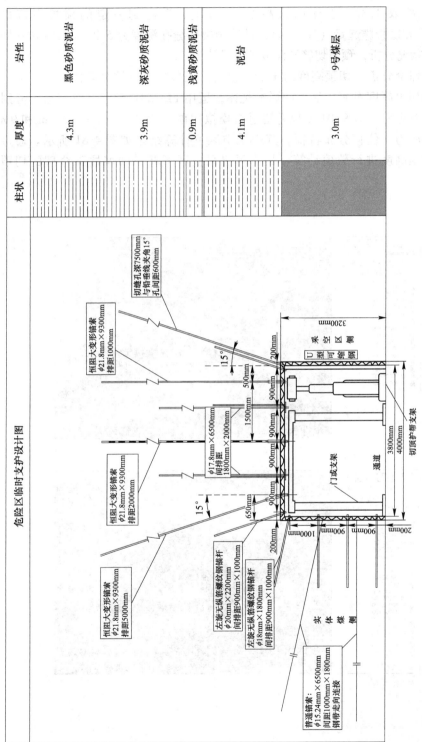

危险区临时支护设计图

图 4-80　危险区 "三级" 临时支护技术断面图

　　本次 K 取 1.32，工作面采高取 3.1m 时，考虑到一定的顶板下沉量（300mm）和底板臌起量（600mm），计算预裂切缝孔深度为 6.9m。根据钻孔柱状图岩层状况分析，预裂切缝孔深度理论设计为 7m。

　　根据理论分析，切顶高度对于沿空留巷矿压显现具有较显著的影响。为了研究不同切顶高度对矿压显现的影响规律，运用 FLAC3D 建立计算模型，分别对采空区及煤柱下方 9101 回风巷道进行模拟切顶高度分别为 6m、7.5m 和 9m 时围岩的应力、位移分布特征，其中采空区下计算结果如图 4-81 所示。通过对不同切顶高度进行数值计算，最终得出采空区下巷道和煤柱下合理的切顶高度。

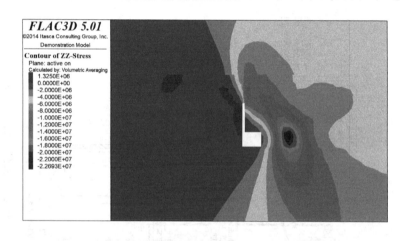

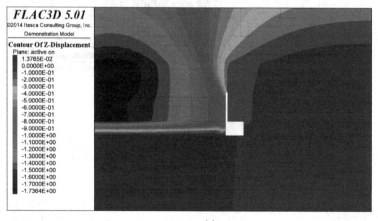

(a)

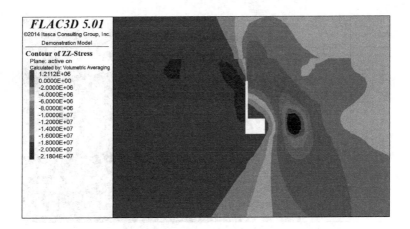

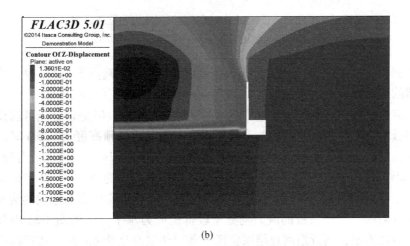

(b)

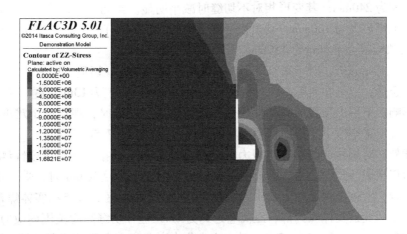

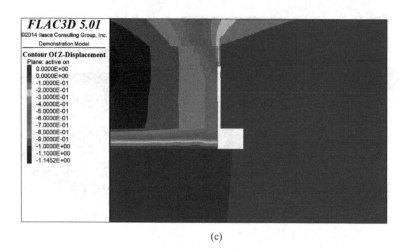

(c)

图 4-81　采空区下不同切顶高度成巷围岩应力和位移分布云图

(a) 切顶高度为 6m；(b) 切顶高度为 7.5m；(c) 切顶高度为 9m

　　根据图 4-81 中的垂直应力分布云图可以看出，当切缝高度为 6m 时，巷道实体煤帮的应力峰值距离帮侧较近，约为 4m，且应力峰值约为 22MPa，但是采空区侧的应力较大，这不利于巷道切缝帮和实体煤帮稳定，但是切缝仍可以较好地切断顶板的应力传递，使顶板处于低应力区。当巷道切顶高度为 7.5m 时，巷道实体煤帮的应力峰值距巷道实体煤帮有所增加，约为 4.2m，应力峰值有所减小，为 20MPa，但是采空区侧的应力有所减小。当切缝高度为 9m 时，其实体煤帮的应力集中峰值约为 16.4MPa，且应力集中区域距离巷道实体煤帮距离约为 4.5m，且采空区侧的应力和顶板的应力均处于较低的应力水平。根据图 4-81 中竖向位移云图可以看出，当近距离煤层采空区下巷道切缝高度为 6m 时，其顶板的竖向位移最大为 240mm，其变形相对不切缝时减小明显。当切顶高度为 7.5m 时，其顶板下沉量最大为 160mm，其顶板下沉量较 6m 切缝时有所减小。当切顶高度为 9m，其顶板最大下沉量为 150mm。

　　综合对比分析，对于采空区下工作面切顶成巷来说，切顶高度为 7.5m 和 9m 时比较合适，但是在实际施工过程中，两层煤的层间距仅为 13m 左右，受上层煤回采影响，下层煤顶板的完整性较差，且切顶高度较大时，现场施工难度较大，故最终确定采空区下工作面切顶成巷的合理切顶高度为 7.5m。

　　此外，对煤柱或断层等高应力区进行模拟分析。根据图 4-82 中遗留煤柱下方巷道切顶成巷竖向应力分布云图可以看出，当切顶高度为 6m 时，受上覆遗留煤柱影响，实体煤帮的应力集中区域较大，且应力集中区域分布在实体煤帮的左上部区域和巷道实体煤内部，距离巷道约为 6m，但在切缝高度范围内应力较小，为 7.8MPa。当切顶高度为 7.5m 时，应力集中主要集中在巷道的左上部，且距离

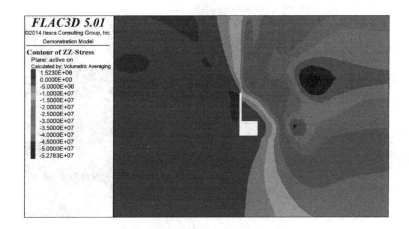

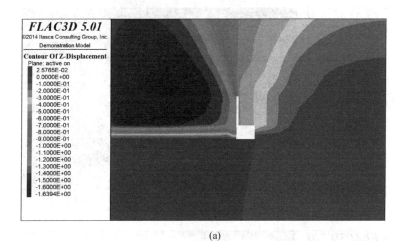

(a)

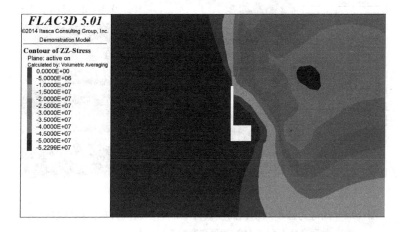

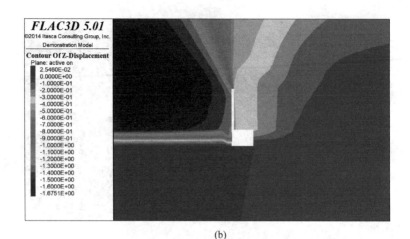

(b)

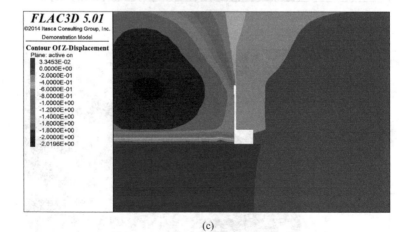

(c)

图 4-82 高应力区不同切顶高度条件下成巷围岩应力和位移分布云图

（a）切顶高度为 6m；（b）切顶高度为 7.5m；（c）切顶高度为 9m

巷道实体煤帮较远，约为 10m，但是应力集中峰值较大。当切顶高度为 9m 时，应力峰值减小，在顶板切顶高度范围内，处于低应力区。

从位移云图可知，高应力区在切顶高度为 6m 时，此区域受上覆煤柱应力影响较大，顶板下沉量最大达到 500mm，顶板下沉量较大，且采空区侧顶板垮落不充分；这说明切顶高度需要进一步增大。切顶高度为 7.5m 时，巷道顶板竖向位移明显较未切缝时减小，为 360mm，但仍然较大，切顶高度为 9.0m 时，再次减小。

对于近距离煤层下行开采，下部巷道采用切顶卸压自动成巷技术时，应力集中区域主要集中在巷道的左上部，且受上覆遗留煤柱影响，其下部应力集中区域峰值较高。切顶高度越大，巷道顶板卸压区范围越大，说明切顶卸压对巷道顶板应力的影响范围与切顶高度成正相关。切顶卸压能够在一定范围内控制顶板下沉，但是由于上覆煤柱应力集中明显，应力峰值远远高于初始应力。综合对比可知，切顶高度为 9.0m 时，集中应力相对较小，应力集中区距巷道较远，有利于巷道围岩稳定，因此切顶高度为 9.0m 是比较合理的，但巷道位移仍旧较大，故应在切顶的基础上对高应力区域加强支护。

B 切顶角度

对顶板实施切缝后，切缝面成了关键块咬合面，当采空区被切断岩层沿切缝面产生滑落失稳时，才能实现基本顶岩层的顺利垮落和应力传递路径的有效切断。根据砌体梁理论和围岩结构 S-R 稳定原理可知，当考虑基本顶岩层的断裂面与垂直面呈一定的角度 θ 时，岩块咬合点的受力关系如图 4-83 所示，此时岩块发生滑落失稳的条件为：

$$(T\cos\theta - R\sin\theta) \cdot \tan\varphi \leqslant R\cos\theta + T\sin\theta \tag{4-11}$$

因此，切缝角度应取满足式（4-11）的最小值，即：

$$\theta = \varphi - \arctan\frac{2(h_{\mathrm{E}} - \Delta S)}{L_{\mathrm{E}}} \tag{4-12}$$

根据大量工程实践，将相关参数代入式（4-12）后，得出切缝角度值一般在 $10° \sim 20°$ 之间。在工程实际应用时，通常可结合数值分析结果及现场切缝试验对切缝角度进行进一步确定。

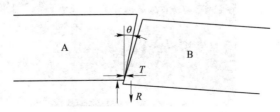

图 4-83 切顶过程岩层承载结构模型

根据理论分析，巷道顶板进行切顶后，采空区上方岩体在上覆岩层自重应力的作用下产生下沉，下沉过程中会与巷道顶板发生不同程度的相互作用，从而导致巷道顶板变形较大。为了解决该问题，结合现场施工经验提出切缝向采空区侧偏转一定角度会有利于顶板垮落并减小其对巷道顶板的影响这一猜想。下面运用FLAC3D建立计算模型，分别模拟切顶角度为10°、15°、20°时围岩的应力、位移分布特征，得出采空区下计算结果如图4-84所示。

当切缝角度为10°时，巷道实体煤帮内部应力集中区距离巷帮较近，约为4.5m，垂直应力最大值为18MPa。巷道上方由于存在上覆煤层采空区，一定范围内存在较明显的卸压区，卸压区垂直应力最大值约为5MPa。当切缝角度为15°时，巷道实体煤帮内部应力集中区距离巷帮较远，约为5.3m，垂直应力最大值约为18.6MPa；巷道上方切缝高度范围内存在较明显的卸压区，卸压区垂直应力最大值约为5MPa，说明此切顶角度较好地将应力向实体煤帮侧转移。当切缝角

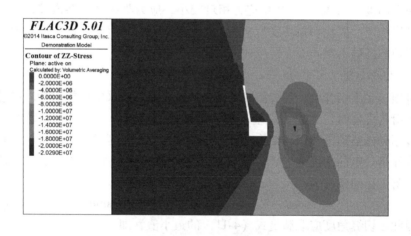

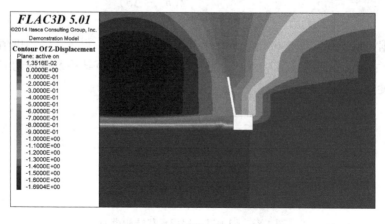

(a)

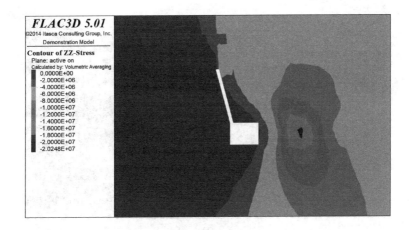

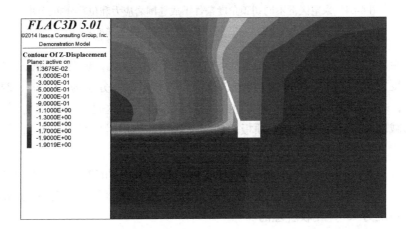

(b)

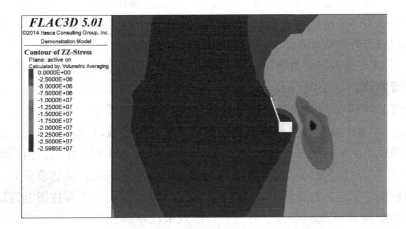

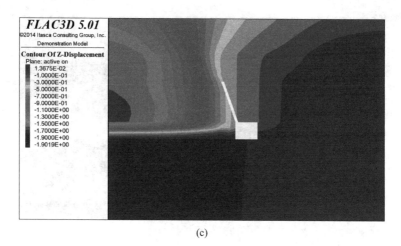

(c)

图 4-84   采空区下不同切顶角度条件下成巷围岩应力和位移分布云图
(a) 切缝角度为 10°；(b) 切缝角度为 15°；(c) 切缝角度为 20°

度增加至 20°时，实体煤帮内部应力集中区距离巷帮较远，但与 15°时差别不大。切顶角度为 10°、15°、20°时，巷道顶板垂直位移最大值分别为 210mm、240mm、260mm，表明切缝角度越大，巷道顶板垂直位移越大，这是由于增大切顶角度虽然能够减弱采空区顶板和巷道顶板之间相互作用，但同时也增大了巷道顶板短臂梁的长度，容易使顶板变形量增大。

综合对比可知，切顶角度为 15°时，利于采空区矸石的垮落，集中应力较小，应力集中区距巷道较远，有利于巷道围岩稳定，巷道垂直位移在合理范围内，因此切顶角度为 15°是比较合理的。

此外，对特殊区域高应力区下进行模拟分析，如图 4-85 所示。工作面开采后，下巷道受上覆遗留煤柱影响，其应力集中主要集中在巷道的左上部和左部，且距离巷道实体煤帮较远，约为 7m，但是应力集中峰值较大，但是巷道顶板一定范围内应力值较小，最大值为 12MPa，有助于巷道的稳定。切顶角度为 15°、20°时，实体煤帮内部应力集中区距离煤帮约 9m，相比切顶角度为 0°和 10°时，实体煤帮内部应力集中区距离煤帮约 7.5m，增大了应力集中区向实体煤深处转移的距离。切顶角度为 10°、15°、20°时，巷道顶板垂直位移最大值分别为415mm、450mm、460mm，表明切缝角度越大，巷道顶板垂直位移越大，这是由于增大切顶角度虽然能够减弱采空区顶板和巷道顶板之间相互作用，但同时也增大了巷道顶板短臂梁的长度，容易使顶板变形量增大，因此，切缝前应做好恒阻锚索顶板加固工作，并合理确定切缝参数。综合对比分析，在煤柱影响区域，采用切顶角度为 20°时较为合理，且矸石垮落效果较好。

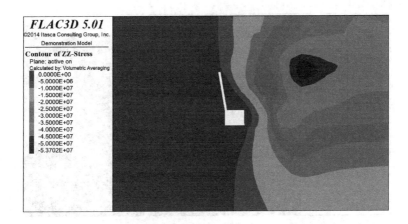

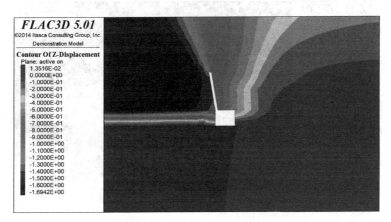

(a)

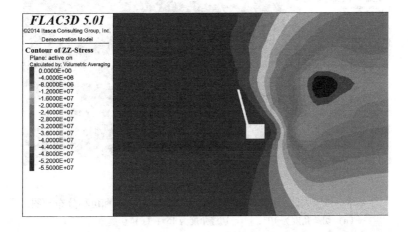

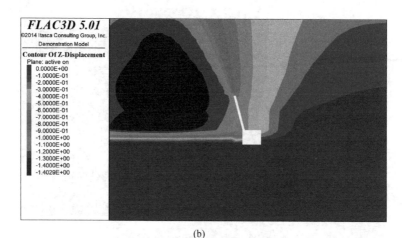

(b)

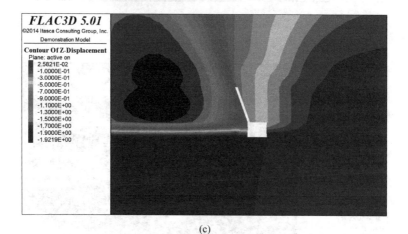

(c)

图 4-85　高应力区不同切顶高度条件下成巷围岩应力和位移分布云图

（a）切缝角度为 10°；（b）切缝角度为 15°；（c）切缝角度为 20°

4.4.3 现场应用

4.4.3.1 矿压规律实测

A 工作面支架压力变化规律

（1）采空区下工作面矿压规律。通过数值分析可知，留巷段不同区域地质环境差异较大，工作面液压支架的压力变化可反映出开采工作面顶板的稳定情况。实践发现，距切眼 60~120m 处为上覆采空区条件，该段不受煤柱和断层影响；距切眼 120~180m 为断层影响区；320~380m 区域受到煤柱影响，本书分别对三个区域的支架荷载变化规律分析。前期研究发现，110 工法切顶有一定影响范围，选取距切缝线不同位置的液压支架进行矿压分析。工作面中选择 3 号、47号和 103 号共 3 个液压支架的荷载变化进行矿压分析，其中 3 号支架位于工作面运输顺槽侧（即未切顶影响区），距切缝线较远；47 号支架位于工作面中部；103 号支架位于工作回风顺槽侧（即切顶影响区），距切缝线较近。

采空区下支架荷载曲线如图 4-86 所示。可见，9101 工作面运输顺槽侧（未切顶侧影响区）3 号支架周期来压最大值为 47.3MPa，平均值为 25.3MPa；9101工作面中部未受切顶影响区周期来压最大值为 42MPa，平均值为 30.8MPa；9101工作面切顶侧周期来压最大值为 32.25MP，平均值为 21.39MPa。切顶影响区周期来压最大值比运输顺槽侧减小 31.8%，均值较运输顺槽侧减少了约 15.4%。切顶侧影响区周期来压最大值比工作面中部减少约 23.2%，均值较工作面中部减小了约 15.4%。可见，未受地质构造影响区，切顶侧支架荷载减小，表明在切顶爆破影响下，直接顶破断垮落后，形成碎胀的矸石可将采空区充满，基本顶发生回转的空间减小，因此回转变形也减小，进而工作面顶板压力也减小。

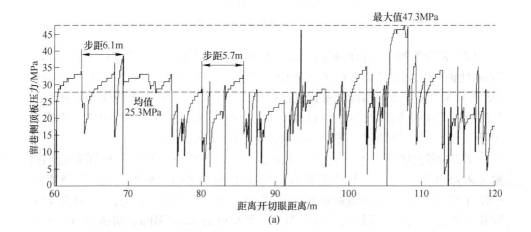

(a)

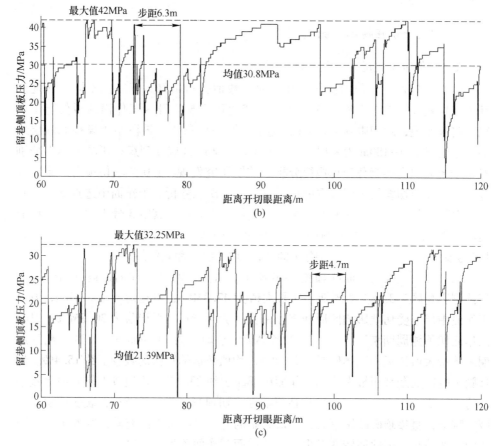

图 4-86　采空区下支架荷载监测曲线

(a) 3 号支架荷载（远离切顶侧）；(b) 47 号支架荷载（工作面中部）；

(c) 103 号支架荷载（靠近切顶侧）

（2）断层影响下工作面矿压规律。与采空区下成巷类似，对距开切眼 120～180m 处相同位置的支架进行了工作面压力监测。工作面中选择 3 号、47 号和 103 号共 3 个液压支架的荷载变化进行矿压分析，其中 3 号支架位于工作面运输顺槽侧（即未切顶影响区），距切缝线较远；47 号支架位于工作面中部；103 号支架位于工作回风顺槽侧（即切顶影响区），距切缝线较近。

支架荷载曲线如图 4-87 所示。可见，该地质条件下，9101 工作面运输顺槽侧（未切顶侧影响区）3 号支架来压最大值为 43MPa，平均值为 23.35MPa；9101 工作面中部未受切顶影响区来压最大值为 45.1MPa，平均值为 30.9MPa；9101 工作面切顶侧来压最大值为 38MPa，平均值为 22.37MPa。切顶影响区来压最大值比运输顺槽侧减小 11.6%，均值较运输顺槽侧减少了约 4.3%。切顶侧影

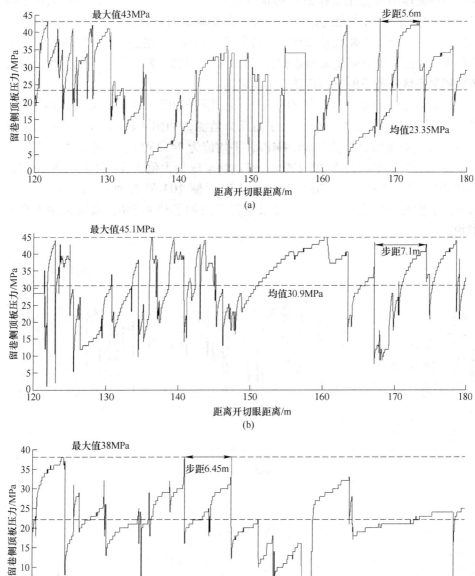

图 4-87　断层影响区支架荷载监测曲线

（a）3 号支架荷载（远离切顶侧）；（b）47 号支架荷载（工作面中部）；

（c）103 号支架荷载（靠近切顶侧）

响区周期来压最大值比工作面中部减少约 15.7%，均值较工作面中部减小了约 27.6%。对相同位置支架的采空区下和断层影响区对比可知，切顶影响范围内，断层影响区支架最大荷载较采空区下增大了 5.75MPa，增加了约 17.8%。工作面中部支架和远离切缝侧支架荷载相差不大。由此可知，断层影响下的工作面荷载较常规采空区条件下的支架荷载有明显增加。

（3）8 号煤柱影响区工作面矿压规律。距开切眼 320~380m 位置同样对 3 号、47 号和 103 号支架进行了工作面压力监测，如图 4-88 所示。可见，未切顶侧 3 号支架来压最大值为 35.4MPa，平均值为 24.3MPa；工作面中部来压最大值为 46MPa，平均值为 32.2MPa；切顶侧来压最大值为 34.8MPa，平均值为 24.8MPa。与采空区下支架荷载相比，切顶侧 103 号支架平均荷载增加了 16%，工作面中部支架平均荷载较采空区下增加了约 4.5%，未切顶侧亦有所增加。

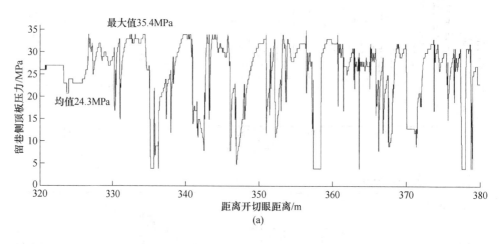

(a)

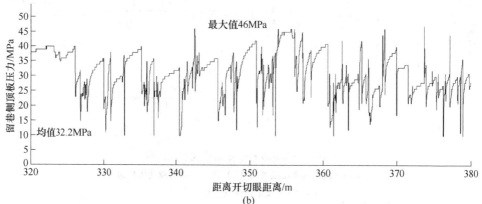

(b)

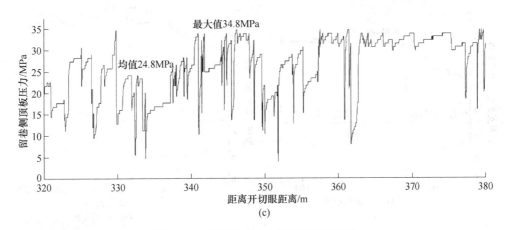

图 4-88 煤柱影响区支架荷载监测曲线

(a) 3 号支架荷载（远离切顶侧）；(b) 47 号支架荷载（工作面中部）；(c) 103 号支架荷载（靠近切顶侧）

由于煤柱与工作面开采方向垂直，因此对整个工作面有影响，支架荷载较普通采空区下有所增大。由此可见，对于近距离煤层群，由于新老工法交替造成煤柱的留设会对下层煤的开采产生重要影响，因此近距离煤层的上层煤开采过程建议少留煤柱，采用无煤柱开采工艺，从而减小对下层煤的影响。

B 巷道顶板压力变化规律

随着工作面回采，液压支架后方采空区顶板岩层垮落并逐渐压实，最终达到稳定状态[110]。矸石在动态变化过程中不可避免地对巷道稳定性产生影响。巷内顶板压力可一定程度上反映出采空区覆岩运动对巷道稳定性的影响，断层影响下及煤柱影响下围岩运动更复杂，因此该条件下的顶板压力变化规律有待进一步探究。于架后临时支护上安装压力监测设备，记录巷道顶板压力变化。成巷过程中于常规地质条件区、断层影响区、8 号煤柱影响区分别选取典型测点进行顶板压力监测，监测工作面回采过程中巷内临时支护结构压力变化规律，监测结果如图4-89 所示。

由监测结果可知，无论是采空区下、断层影响区还是煤柱影响区，顶板压力均呈现出先增大后趋于平稳的变化趋势，但变化过程和应力峰值有明显区别。采空区下支柱压力上升较为平缓，滞后工作面约39m即达到平稳状态，最大压力达到28.8MPa。断层影响区内的巷内顶板压力变化更为剧烈，滞后工作面约58m趋于平稳，且平稳后一段时间仍有压力波动出现，支柱最大压力较常规地质区增大了约20.5%，达到34.7MPa。煤柱影响区支柱最大荷载为30.8MPa，较采空区下增加了2MPa。由此可见，断层和煤柱不仅对工作面内及其超前压力分布产生影响，对滞后工作面的巷道稳定性亦会产生重要影响。

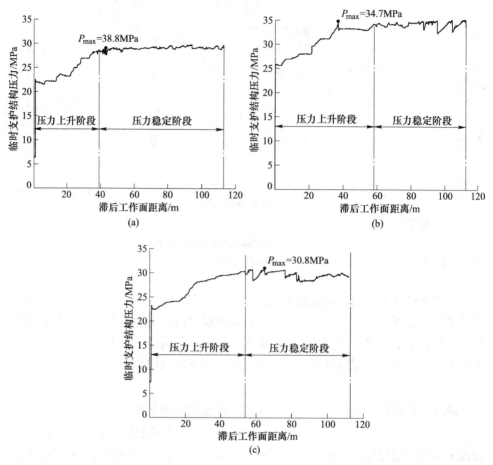

图4-89 不同地质区域典型测点巷内顶板压力变化规律

(a) 常规地质条件区；(b) 断层构造影响区；(c) 煤柱影响区

C 巷道围岩变形规律

巷道开挖及切顶作业破坏了巷道周围岩体中原始地应力的平衡状态，围岩应力重新分布，并伴随着围岩的变形与破坏。巷道围岩表面位移测点布置采用十字测点法。按设计位置布置2组表面位移监测断面。测点布置时，保证顶底测点连线与两帮测点连线垂直。测点布设后做好记号，记录与巷道特征点的距离并编号，并在施工中注意保护，以确保测量数据的准确性和可靠性。

人工测点对回撤区域内的巷道变形进行监测，距开始留巷位置60m、100m、120m、170m、320m、370m位置布点观测。其中1号、2号测点位于采空区下，3号、4号测点位于断层区，5号、6号测点位于高应力煤柱区。

（1）采空区下（距开切眼60~120m）巷道围岩变形规律。根据图4-90中1

号测站的变形曲线可知，该测站处顶板累计下沉 137mm，底鼓量为 187mm，矸石帮缩进 244mm，而实体煤帮缩进 104mm。在滞后工作面 0~60m 范围内，围岩变形速率较快，在滞后工作面 60~120m 的范围内时，围岩变形速率减弱，在滞后工作面 120m 后，围岩变形趋于稳定；而在测站处单体回撤后，围岩变形量略有增加，但是增量较小，说明巷道围岩趋于稳定。2 号测站显示，在该测站位置，顶板下沉 198mm，底鼓量为 146mm，矸石帮缩进 81mm，而实体煤帮缩进 245mm，且该测站位置，在滞后工作面 0~50m 的范围内，围岩变形速率最快，在滞后工作面 50~110m 的范围内，变形速率有所减小；滞后工作面 110m 后，其变形趋于稳定。

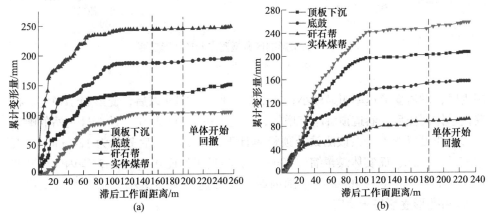

图 4-90　采空区下典型测点巷道变形监测

(a) 1 号测站；(b) 2 号测站

（2）断层影响区（距开切眼 120~180m）巷道围岩变形规律。如图 4-91 所示，断层影响区 3 号测站变形曲线可以看出，顶板累计下沉 575mm，矸石帮缩进 150mm，而实体煤帮缩进 450mm 后矿方进行扩帮，无法继续进行测量。但从整体曲线变化趋势可以看出，在断层影响下，顶板下沉和实体煤帮变形严重，且在滞后工作面 0~40m 的范围内时，围岩变形速率最大；在滞后工作面 40~110m 的范围内时，围岩变形速率减小，而在滞后工作面 110m 后仍有变形。从 4 号测站变形曲线可以看出，顶板累计下沉 610mm，矸石帮缩进 175mm，而实体煤帮缩进 465mm 后矿方进行扩帮。但从整体曲线变化趋势可以看出，在断层影响下，顶板下沉和实体煤帮变形严重，因此巷道变形控制更为困难。

（3）煤柱高应力区（距开切眼 320~380m）巷道围岩变形规律。如图 4-92 所示，从煤柱高应力区 5 号测站围岩变形曲线可以得出，该测站位置处，顶板累计下沉 247mm，底鼓量为 145mm，矸石帮缩进 119mm，实体煤帮缩进 65mm；且在滞后工作面 0~60m 的范围内时，围岩变形速率较快，而在滞后 60~100m 的范

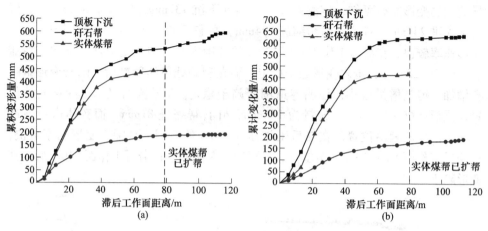

图 4-91   断层影响区典型测点巷道变形监测

(a) 3 号测站;(b) 4 号测站

围内时,围岩变形速率明显较小;在滞后工作面 100m 以后,变形趋于稳定。在巷内单体回撤后,巷道顶沉略有增加,但是很快又趋于稳定。从 6 号测站的围岩变形曲线可以看出,在该测站处顶板累计下沉 313mm,底鼓量为 124mm,矸石帮缩进 145mm,而实体煤帮缩进 70mm。在滞后工作面 0~60m 的范围内时,其变形速率最大,在 60~100m 的范围内时,变形速率明显减小,而在滞后工作面 100m 后变形逐渐趋于稳定。

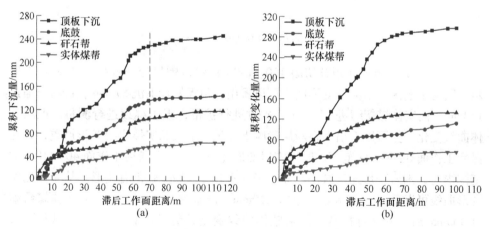

图 4-92   煤柱影响区典型测点巷道变形监测

(a) 5 号测站;(b) 6 号测站

综合对比可以得出:随着工作面回采,成巷过程具有明显的分区特征。当巷道位于断层和煤柱下方时,其巷道变形明显增大,约为采空区下巷道围岩变形的

2~3倍，主要是受地质构造影响，下方巷道处于应力集中区域内，使得巷道变形加剧，故支护设备和强度设计时应适当增加。

D 碎石帮压实变形规律

无煤柱自成巷中采空区矸石的运动状态可于巷内观测，因此该技术为顶板岩层的碎胀系数测定创造了有利条件。由于垮落后的矸石在基本顶岩层作用下处于压实运动状态并最终达到稳定，因此顶板岩层的实时碎胀系数呈动态变化。无煤柱自成巷中采空区顶板碎胀系数的测定主要有两种方法，针对岩性分层明显的可直接通过自然观测法测量，对于分层不明显的可于超前钻孔内提前标记，人为在固定高度处采用喷漆等方式标记，待顶板垮落后，测量标记矸石的高度，从而得出碎胀系数。下山峁煤矿9101工作面直接顶为泥岩，分别于采空区下、断层区、煤柱区进行现场测定，为提高测量准确性，同一巷道断面分别标记两处，并取平均值进行分析，监测结果如图4-93所示。

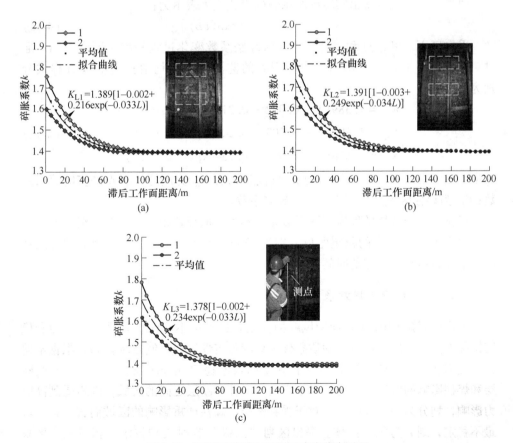

图4-93 不同区域采空区矸石碎胀稳定过程

（a）采空区下典型测点；（b）断层区典型测点；（c）煤柱区典型测点

监测结果可知，滞后工作面较近距离，实时碎胀系数变化较快，说明此时刚垮落的矸石间空隙较大，在顶板压力作用下快速压缩。随着工作面距测点位置加大，矸石压缩速度减慢，并最终达到稳定状态。同一巷道位置的两处标记所测最终稳定系数几乎相同，侧面表明了测量的准确性。但是，对比断层处和非断层处实时碎胀变化可知，由于两处的应力环境不同，造成其稳定过程有一定差别。矸石的压缩流变可采用波依亭-汤姆逊模型表达，方程形式为：

$$\varepsilon = a\exp(bL) + c \tag{4-13}$$

式中，ε 为采空区矸体压缩流变；a、b、c 为相关性系数；L 为滞后工作面距离。

压缩流变应变与碎胀系数关系可表示为：

$$\varepsilon = 1 - \frac{K_L}{K_F} \tag{4-14}$$

式中，K_L 为实时碎胀系数；K_F 为稳定后最终碎胀系数。

通过以上两式可得出实时碎胀系数的表达式可表示为：

$$K_L = K_F[1 - c - a\exp(bL)] \tag{4-15}$$

采空区下、断层处和煤柱区域实时碎胀系数变化过程和稳定距离不同，通过对曲线进行拟合，可得出两个标记处的监测数据平均值拟合曲线方程式分别为：

$$\begin{cases} K_{L1} = 1.389[1 - 0.002 + 0.216\exp(-0.033L)] \\ K_{L2} = 1.391[1 - 0.003 + 0.249\exp(-0.034L)] \\ K_{L3} = 1.378[1 - 0.002 + 0.234\exp(-0.033L)] \end{cases} \tag{4-16}$$

式中，K_{L1} 为采空区下典型测点的实时碎胀系数；K_{L2} 为断层处测点的实时碎胀系数；K_{L3} 为煤柱区域典型测点的实时碎胀系数。

可见，三个区域的稳定碎胀系数差别不大，但稳定距离有一定差别，令 $K_L = K_F$，可得出三处测点的稳定距离分别为 129m、142m 和 131m，因此断层和煤柱影响下碎石帮趋于稳定的时间及距离加大。

4.4.3.2 现场应用效果

下山峁煤矿 9101 工作面回风顺槽在成巷过程中不同区域巷道围岩受力和稳定情况不同，据此提出复杂地质条件下留巷稳定性区划控制技术体系。根据不同区域受力和稳定特征，提出 9101 回风顺槽成巷稳定性分区控制技术。将不受断层和煤柱影响的区域划分为相对稳定区；煤柱和断层之间的区域，围岩受到高应力影响，划分为一般危险区；对于受到断层、煤柱严重影响的区域而言，该区域最不稳定，划分为危险区域。提出区划"三级"临时支护技术。相对稳定区采用一级支护措施，巷内全部采用单体液压支柱进行支护，采用"一梁四柱"临时支护方式。一般危险区顶板压力较危险区有所减小，针对现场矿压监测及围岩稳定情况，提出采用二级支护方式，采用切顶护帮支架+单体支柱组合支护方式。危险区采用三级支护，围岩控制以门式支架+切顶护帮支架进行支护。通过理论分析和数值模拟方法对切顶参数进行了优化研究，采空区下切顶高度为 7.5m，高应力区为 9.0m，采空区下切顶角度为 15°，高应力区切顶角度为 20°时，留巷围岩应力环境较好。现场试验证明，新型巷道围岩控制技术可有效保证巷道稳定，实现了成功留巷。

（1）恒阻锚索支护效果。9101 工作面对巷道顶板进行补强加固设计，共设计支护 3 列恒阻大变形锚索：其中靠近切缝侧的恒阻大变形锚索（距工作面煤壁的距离 500mm），排距为 1m，用 W 型钢带相连，相邻 W 型钢带搭接长度不小于300mm；巷道中线位置的恒阻大变形锚索垂直于顶板岩面布置，排距为 2m，用梯子梁相连；靠近实体煤帮处的恒阻大变形锚索（距实体煤壁的距离为 650mm）与顶板铅垂线呈 15°，排距为 5m。9101 工作面回风顺槽恒阻锚索支护施工效果图如图 4-94 所示，整体支护效果良好。

图 4-94　下山峁煤矿 9101 回风顺槽恒阻锚索施工效果

（2）预裂切缝及垮落效果。采空区下切顶高度为 7.5m，切顶角度为 15°；断层及煤柱高应力区切顶高度为 8.5m，切顶角度为 20°。切缝孔与肩窝处相距100mm，切缝孔间距为 600mm。切缝效果如图 4-95（a）所示，采空区顶板垮落如图 4-95（b）所示，成缝及切顶冒落效果良好。

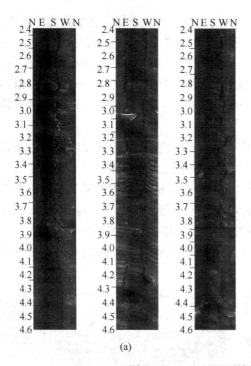

图 4-95   9101 回风顺槽切缝和垮落效果图

(a) 钻孔窥视图；(b) 采空区顶板垮落效果图

（3）成巷效果。图 4-96 为现场成巷效果图。现场发现，采空区下相对稳定区采用单体液压支护进行临时支护可保证巷道的稳定性，成巷效果较好；一般危险区采用切顶护帮支架及单体支柱二级支护技术同样可保证巷道的稳定，但巷道变形大于相对稳定区域巷道变形；危险区采用切顶护帮支架和门式支架三级支护技术后，巷道可保留成功，该条件下临时支护设备作为主要被动支护不回撤，待下一工作面回采至此再进行回撤，最终实现了全巷道成功留巷和应用。

(c)

图 4-96 下山峁煤矿 9101 回风顺槽不同区域 110 工法成巷效果

（a）相对稳定区成巷效果；（b）一般危险区成巷效果；（c）危险区成巷效果

4.5 典型应用五：砂岩顶板厚煤层开采

4.5.1 工程概况

4.5.1.1 矿井概况

A 井田概况

柠条塔井田位于陕西省榆林市神木县中部，行政区划隶属神木县孙家岔乡管辖。其东部与孙家岔井田、张家峁井田相邻；南部与红柳林井田相接；西部与榆神府找煤区相邻；北部与朱盖塔井田预留区毗邻。井田东西宽约 9.5km，南北长约 19.5km，面积约为 119.8km^2。保有资源量 22.97 亿吨，可采储量 16.45 亿吨，核准生产能力 1800 万吨/年。

矿井采用斜井开拓方式。可采煤层 7 层，分别为 1^{-2}、2^{-2}、3^{-1}、4^{-2}、4^{-3}、5^{-2}上和 5^{-2}煤层。全井田按照南北两翼共划分为四个盘区，其中一水平两个盘区，分别为北一盘区，开采一水平井田北翼；南一盘区，开采一水平井田南翼；北二盘区，开采二水平井田北翼；南二盘区，开采二水平井田南翼。南北两翼以考考乌素沟为界。以两个水平开采煤层群，一水平主运输大巷布置在 3^{-1}煤层中，主要开采煤层为 1^{-2}、2^{-2}、3^{-1}，水平标高为+1105m；二水平主运输大巷布置在 5^{-2}煤层中，主要开采煤层为 4^{-2}、4^{-3}、5^{-2}上和 5^{-2}煤层，水平标高为+1000m。目前正在回采工作面为北一盘区 N1118 工作面和 N1201-Ⅰ工作面，南一盘区 S1201 工作面和 S1229 工作面。

B 井田地质

据钻孔揭露及地质填图资料，区内地层由老至新依次有：三叠系上统永坪组（T_3y）、侏罗系中统延安组（J_2y）、侏罗系中统直罗组（J_2z）、新近系上新统保德组（N_2b）、第四系中更新统离石组（Q_2l）、第四系上更新统萨拉乌苏组（Q_3s）、第四系全新统风积沙（Q_4eol）和冲积层（Q_4al）。

（1）三叠系上统永坪组（T_3y）。本组地层为本区侏罗纪煤系地层的沉积基底。区内未出露，钻孔未穿透，揭露最大厚度为 31.22m，据区域资料其厚度一般在 80~200m。

岩性为灰绿色巨厚层状细、中粒长石石英砂岩，夹灰绿或灰黑色泥岩、砂质泥岩。砂岩中含较多的黑云母、绿泥石矿物，分选与磨圆度中等，泥质胶结，局部含泥砾。大型板状交错层理及槽状、楔形交错层理发育，泥岩中常见有巨大的枕状、球状菱铁矿结核及包裹体。

（2）侏罗系中统延安组（J_2y）。该组地层假整合于三叠系上统永坪组之上，是本井田的含煤地层，厚度为 170.52~222.71m，平均为 202.97m。上部不同程度遭受剥蚀，由井田中部向四周逐渐变薄。大部为上覆地层掩盖，仅在考考乌素沟、肯铁令河等沟谷中断续出露该组上部地层。本组地层系一套陆源碎屑沉积，岩性以浅灰白色中细粒长石砂岩、岩屑长石砂岩、灰或灰黑色砂质泥岩、泥岩及煤层组成，夹少量钙质砂岩、炭质泥岩及透镜状泥灰岩、枕状或球状菱铁矿及黏土岩等。

（3）侏罗系中统直罗组（J_2z）。本组地层因受后期剥蚀，区内仅残存下部地层，井田大部分都有分布，由西至东，由南至北逐渐变薄。零星出露于考考乌素沟、肯铁令河和小侯家母河沟的梁峁边缘，残存厚度为 1.80~103.90m，平均为 44.98m。

上部为灰绿或蓝灰色砂质泥岩、粉砂岩，含菱铁矿结核。下部为灰白色，局部灰绿色巨厚层状中~粗粒长石砂岩，夹绿灰色泥岩风化后呈黄绿色，上部见紫杂色斑块，具有大型板状交错层理或不显层理，含植物茎叶化石，镜煤团块及黄铁矿结核，底部砂岩偶含石英砾石，砾径为 2~150mm 不等，形成该组地层的底砾岩。易与延安组区分，与下伏煤系地层延安组呈假整合接触。

（4）新近系上新统保德组（N_2b）。本组地层井田南翼大部分地区均有分布，在考考乌素沟、肯铁令河两侧据钻孔揭露逐渐歼灭，厚度为 0~109.50m，平均厚度为 37.76m，出露于各大沟谷上游，岩性为浅棕红色黏土、亚黏土，夹多层钙质结核层，结核层厚一般为 0.40m，黏土层厚度为 0.50~2.00m，呈互层状，结构较致密，具黏滑感，塑性好，地貌上多冲蚀为"V"型沟谷。其底部偶有薄层浅灰色砾石，砾石成分复杂，砾径一般为 0.5~1.0cm 左右。与下伏地层呈不整合接触。

（5）第四系（Q）。风积层（Q_4eol）：井田南翼地表大面积被其覆盖，厚度为 0~39.08m，平均厚度为 9.20m。其岩性为灰黄色固定沙、半固定沙、流动沙，以细粒沙为主，滚圆度好，分选性差。冲积层（Q_4al）：为沙、砾等河流冲积物，厚度为0~6.05m。分布于考考乌素沟、肯铁令河、小侯家母河沟沟谷下游的河床及阶地，多为耕地。

　　C　井田构造

柠条塔井田位于鄂尔多斯台向斜的宽缓东翼—陕北斜坡北部，各时代地层（除新生界外）为整合或假整合接触关系，煤系地层地表露头近乎水平展布，下伏煤层底板以4‰~10‰的坡降向西倾斜，整体上为一向西倾斜的单斜层，反映了区域构造的特点，地质勘查中未发现落差大于15m的断层，也无岩浆活动的迹象，构造十分简单。但从煤层底板等高线形态看，显示出有一些十分宽缓的波状起伏现象。煤层底板等高线显现出不协调现象，属聚煤时地势不平和压实差异引起。

虽然本区煤层底板呈现出波状起伏形态规模不大，幅度也很小，但对矿井大型机械化生产也许有点参考价值。井田内虽未发现落差大于15m的断层，区内仅存在一些宽缓的波状起伏及成煤期后因地壳大规模上升形成的一系列假整合面，地层总体表现为向北西缓倾的单斜层，倾角为1°左右，无岩浆活动，未发现大断层，仅发现一些小规模的断层。

4.5.1.2　工作面地质条件

S1201工作面井下位于南翼2^{-2}煤西大巷北侧，北临红柠铁路煤柱，东临S1203工作面，西临S1201-Ⅰ掘进工作面。工作面向北切眼处距红柠铁路约120m，工作面辅运顺槽向西距惠宝煤矿东边界1200m，工作面回风顺槽向东距矿井南风井厂区1200m，向南为通往西客站的公路。工作面走向长3010.3m，倾斜长295m，面积为888038.5m²。工作面采用一次采全高、走向长壁后退式、综合机械化采煤方法，全部垮落法管理顶板。

该工作面煤层厚度为4.17~4.80m，设计采高为4.35m。直接顶为灰色薄层状粉砂岩，厚度为2.82~5.04m，直接底为0~1.3m的砂质泥岩，基本顶为浅灰色、浅白色细粒石英砂岩，厚度为5.4~20.63m。依据该工作面矿压观测结果，基本顶周期来压步距平均为16.2m，周期来压强度平均为42.7MPa。工作面布置及留巷位置如图4-97所示。煤层埋藏深度为80~160m。其中基岩厚70~110m，土层厚5~40m，沙层厚度约为5~10m，工作面煤层赋存稳定。工作面综合柱状图如图4-98所示，顶板为厚层砂岩。

4.5.2　方案设计

4.5.2.1　补强支护设计

如图4-99所示，为防止切顶过程中和采空区顶板周期来压期间留巷段顶板

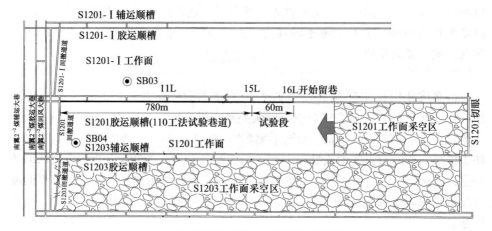

图 4-97 S1201 工作面布置及留巷位置

时代	柱状	厚度/m	平均厚度/m	岩性描述
侏罗纪中统延安组		5.4~20.6	18	浅灰色、浅白色细粒石英砂岩，柱状结构，完整性中等。局部细粒长石砂岩，含白云母，波状层理。分选性差-中等，次棱角状，泥钙质胶结
		2.82~5.04	3.6	灰色薄层状粉砂岩，夹细粒砂岩薄层，水平层理
		3.95~4.45	4.17	2⁻²煤，黑色，半亮型煤，结构简单
		0~1.3	0.6	砂质泥岩主要存在于工作面中段及南段，灰黑色。薄层状，具块状层理。南段以粉砂岩为主
		12.5~13.6	13	灰色中厚层中粒砂岩夹细粒砂岩薄层，具块状层理及水平层理

图 4-98 S1201 工作面综合柱状图

失稳或冒顶，采用恒阻锚索对巷道进行超前支护。恒阻锚索直径为 21.8mm，长度为 10500mm，恒阻值为(33±2)t，恒阻器直径为 73mm，恒阻器长度为 500mm。根据矿方以往支护方式、巷道变形情况及支护强度验算，恒阻锚索单排布置，排距为 1000mm，预紧力为 28t。恒阻锚索距巷帮为 0.7m，恒阻锚索距切顶线 0.4m。相邻三根恒阻锚索沿巷道走向用 W 钢带连接。

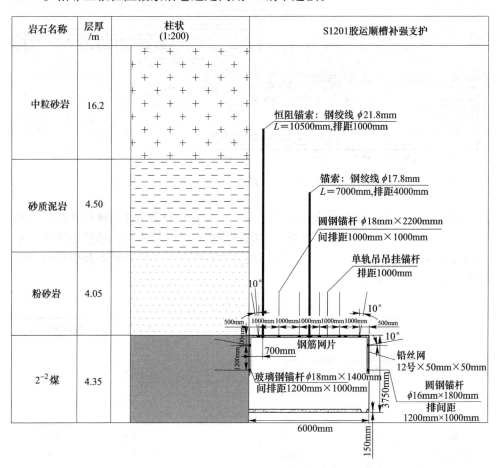

图 4-99　S1201 工作面胶运顺槽恒阻锚索支护设计

4.5.2.2　切顶设计

A　切顶高度研究

根据现场工程地质条件，建立 UDEC 数值计算模型，如图 4-100 所示。模型长 250m，高 80m，左右边界和底边界施加固定约束，顶边界为自由边界，施加 2MPa 的竖向荷载，用以模拟 80m 厚的上覆岩层。模型中，煤层顶板由下向上依次为粉砂岩、石英砂岩、中粒砂岩和泥岩，底板由砂质泥岩和细粒砂岩组成。模拟过程中首先进行巷道开挖并补打锚索支护，待巷道稳定后进行预裂切缝，最后进行工作面开挖，重点探究切顶巷道附近围岩矿压显现规律[111]。

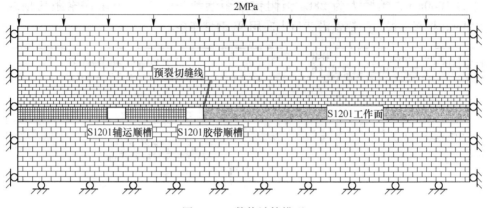

图 4-100　数值计算模型

切顶高度模拟过程中保持其他参数不变（如表 4-11 所示），顶板支护形式相同，预裂切缝方向垂直于巷道顶板。考虑到顶板岩体的碎胀性，模拟过程中，切顶高度分别取 7m、9m 和 11m。不同切顶高度条件下围岩结构形态及竖向位移场分布如图 4-101 所示。

表 4-11　顶底板岩性物理力学参数

岩层	密度/kg·m⁻³	弹性模量/GPa	内摩擦角/(°)	内聚力/MPa	抗拉强度/MPa
泥岩	2500	17.2	30	1.8	0.71
中粒砂岩	2600	18.5	33	2.4	1.10
石英砂岩	2780	27.1	35	3.2	1.40
粉砂岩	2550	21.5	30	2.1	0.80
煤层	1500	3.8	21	0.9	0.35
砂质泥岩	2580	18.9	30	3.0	0.95
细粒砂岩	2650	22.8	32	2.5	0.84

整体分析不同切顶高度下巷道围岩垮落形态可知，预裂切缝可切断巷道顶板和采空区顶板间的结构传递，采空区直接顶岩体垮落碎胀，基本顶则为一个传递整体，巷道顶板其掩护作用下保持基本稳定。然而，不同切顶高度下，采空区顶板岩体垮落形态及其对切顶短臂结构的承载支撑作用不同，造成巷道顶板变形及稳定性不同。

当切顶高度为 7m 时，煤层回采后采空区顶板在 7m 高度处沿切缝发生破断切落，但切落过程中对切顶短臂结构施加有一个下坠作用力，垮落岩层与基本顶

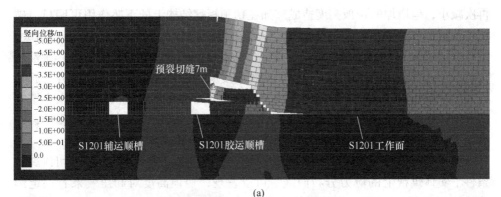

(a)

(b)

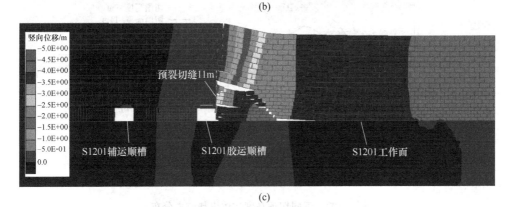

(c)

图 4-101 不同切顶高度围岩结构形态及变形特征

（a）切顶高度=7m；（b）切顶高度=9m；（c）切顶高度=11m

岩层间未充填空间较大，顶板最大变形为 339mm。当切顶高度增加至 9m 时，采空区顶板在 9m 高度处沿切缝发生破断切落，使得巷道顶板变形量及向采空区侧回转下沉运动得到有效控制。由于顶板切落岩石范围扩大，垮落岩石碎胀后充填采空区程度增加，巷道顶板垂直位移最大值较 7m 时有所减小，最终变形量为 145mm。当切顶高度继续增大至 11m 时，基本顶岩层与垮落岩层间的未充填空间再次减小，但增加的切顶高度造成施加在切顶短臂结构上的下坠作用更明显，破坏了顶板形成的铰接岩梁结构。巷道顶板最终变形较切顶 9m 时甚至有所增大，最终变形量为 165mm。总结可以发现，切顶高度影响的是采空区矸石的碎胀性及其对切顶短臂结构的作用力。合理的切顶高度应保证巷旁充满，并促使矸石起到有效的承载作用。在一定范围内，增大切顶高度可增大碎胀体积，减少未充填空间，但切顶高度增加到一定程度后继续增加可能对顶板稳定性产生不利影响，同时施工费用和施工难度增加。

模拟过程中对实体煤帮上的垂直应力进行了监测，图 4-102 为不用切顶高度条件下实体煤帮上的应力分布曲线。可以发现，切顶高度对卸压效果有一定影响。切顶高度为 7m 时，实体煤帮内的应力峰值所在区域距巷帮约 2.5m，随着切顶高度增大，应力峰值向深部转移。切顶高度为 9m 时，实体煤帮内部应力峰值集中区距巷帮约 4~5m，但当切顶高度增加至 11m 时，继续增加切顶高度对应力集中区范围影响不明显。从应力强度分析可知，当切顶高度为 7m、9m、11m 时，实体煤帮上应力集中峰值分别为 4.8MPa、4.3MPa、4.1MPa，切顶高度越大，应力集中峰值越小，侧面验证了切顶的卸压作用。

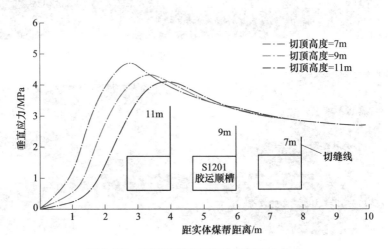

图 4-102　不同切顶高度实体煤帮应力分布

B　切顶角度研究

顶板进行预裂后，采空区上方岩体在上覆岩层自重作用下产生下沉，下沉过程中会与巷道顶板发生不同程度的作用，从而导致顶板变形。为了解决该问题，提出切缝向采空区侧偏转一定角度，以利于顶板垮落并减小其对巷道顶板的影响。本书中，分别模拟预裂切缝线向采空区方向偏转 0°、10°、20°，观察巷道围岩结构及位移场分布特征，如图 4-103 所示。

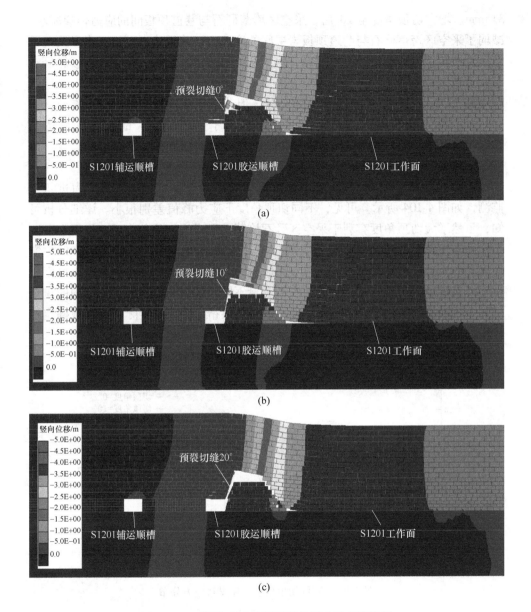

图 4-103 不同切顶角度围岩结构形态及变形特征
(a) 切顶角度=0°；(b) 切顶角度=10°；(c) 切顶角度=20°

当预裂切缝垂直于巷道顶板时，采空区顶板垮落对切顶短臂结构作用一个明显的下坠力，从而增大了巷道变形。此外，当顶板岩层垮落稳定后，垮落的矸石只是对基本顶岩层起到垂直支撑作用，对巷道顶板切顶短臂结构无明显斜撑作用，一定程度上降低了巷道稳定性。切顶角度为 0° 时，顶板最大变形量为

315mm。增大切顶角度至 10°后，采空区垮落矸石与巷道顶板间的应力传递减小，减弱了采空区垮落矸石与巷道顶板岩层间的摩擦力，使得巷道顶板变形量及向采空区侧回转下沉运动得到有效控制，由于切缝向采空区偏转，采空区顶板触矸点与巷道顶板距离减小，垂直位移最大值为132mm，较垂直切缝减小58%。当继续增大到20°时，采空区顶板垮落更为充分，但若采空区顶板岩体碎胀不充分，切顶短臂结构与矸石间的空隙增大，反而不利于巷道稳定，最大下沉量达到206mm。因此，当切缝角度超过一定值后，继续增大切缝角度，巷道围岩变形可能越来越大。

模拟过程中对不同切顶角度条件下实体煤帮（煤柱）上的垂直应力进行了监测，如图 4-104 所示。可见，不同切顶角度下应力峰值差别很小。详细分析可知，虽然增大切顶角度有利于采空区矸石垮落，但增大切顶角度后，作用在下一工作面实体煤上的应力有轻微增大的现象。当切顶角度为 0°、10°和 20°时，实体煤上的垂直应力最大值分别为 4.2MPa、4.6MPa 和 4.7MPa。不同切顶角度条件下，巷道顶板切顶短臂结构的长度和重量不同，切缝角度越大，该结构的重量越大，相同支护条件下会一定程度传递至实体煤帮，因此在实际切缝参数确定过程中，应综合考虑现场顶板条件进行合理设计。

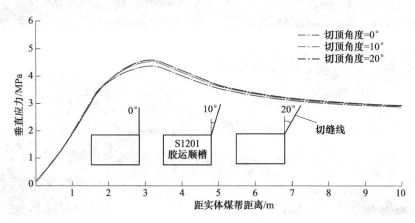

图 4-104　不同切顶角度实体煤帮应力分布

预裂切缝目的是保证采空区顶板垮落的矸石充满采空区，根据岩体碎胀理论和模拟结果，最终确定切缝深度为 9m，切顶角度为 10°。每个爆破孔内安装 5 个聚能管。聚能管外径为 42mm，内径为 36.5mm，管长 1500mm，封泥长度为 1500mm。聚能爆破采用矿用二级乳化炸药，直径为 32mm，单卷长度为 200mm。根据理论分析的爆破判据条件及现场试验结果，爆破方式采用联孔连续爆破，孔距为 600mm，单孔采用"3+3+3+3+2"的装药结构，如图 4-105 所示。

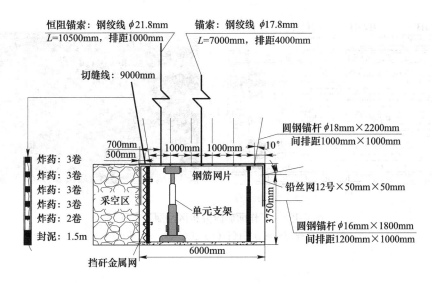

图 4-105　砂岩顶板厚煤层开采切顶成巷设计参数

4.5.3　现场应用

4.5.3.1　矿压规律实测

A　工作面支架荷载监测

柠条塔矿 S1201 工作面倾向长度为 295m，共配置 173 台液压支架，其中端头支架 6 台，过渡支架 4 台，中部支架 163 台。为分析切缝前后工作面矿压规律，从第 1 台支架开始，每 5 台支架布设一套监测设备，均匀布设 35 个压力监测分站。通过安装在设备列车上的分站将数据传至采区变电所的光端机和主站，再传至地面机房进行数据处理。

S1201 工作面自 2016 年 3 月 24 日开始切顶留巷（16L 位置），平均日进尺 15m。留巷开始位置前后各取 150m 进行对比分析，其中 3 月 14 日至 3 月 24 日为不切顶开采，3 月 24 日至 4 月 3 日为切顶开采，矿压分析范围为沿工作面走向 300m，矿压分析区及测站布置见图 4-106。

预裂切缝后，工作面不同位置受影响程度不同。在工作面倾向方向典型位置（靠近切缝侧、工作面中部和远离切缝侧）各选取一个测站进行压力分析。选取 5 号支架（距切缝线 5m）作为靠近切缝的压力分析点，90 号支架（距切缝线 160m）作为工作面中部压力分析点，165 号支架（距切缝线 281m）作为远离切缝的压力分析点，支柱荷载变化如图 4-107 所示。

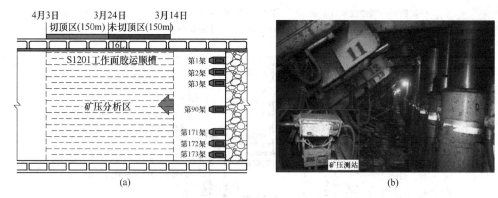

图 4-106 工作面矿压分析区及测站布置

(a) 工作面矿压分析区；(b) 工作面矿压测站布置

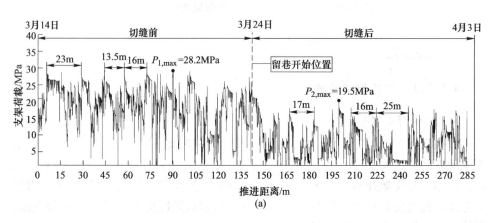

(a)

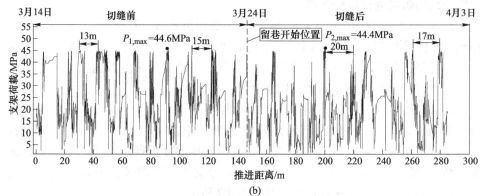

(b)

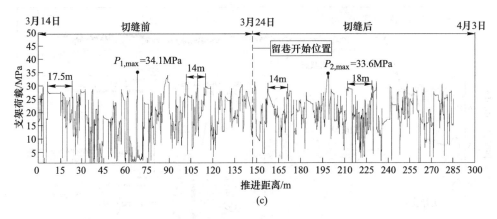

图 4-107　工作面不同位置压力变化情况
（a）靠近切缝（5 号液压支架）压力变化；（b）工作面中部（90 号液压支架）压力变化；
（c）远离切缝（165 号液压支架）压力变化

通过对支架工作阻力、来压强度和步距统计可以发现以下规律：

（1）顶板聚能切缝在影响范围内可减小周期来压强度，且越靠近切缝影响越明显。以距切缝线 5m 位置为例分析，切缝前支架最大荷载为 28.2MPa，切缝后最大荷载减为 19.5MPa；平均荷载由 17.9MPa 降为 7.1MPa，减少了约 55%（约一半）。

（2）聚能切缝能一定程度上增大周期来压步距。距切缝线 5m 位置时，切缝后最大来压步距和平均来压步距均有所增大，平均来压步距增大了约 3.5m，增大了 32%（约三分之一）；距切缝线 160m 时，平均步距增大了 2.1m，增大了约 16.8%。

（3）聚能切缝影响有一定范围，工作面不同位置受切缝影响程度不同。整体变化趋势是沿工作面倾向方向越远离切缝线影响越小。据图 4-107（c）可知，远离切缝线位置处（165 号支架处）的工作面来压几乎不受切缝影响。

B　巷内临时支护监测

留巷过程中切缝侧和煤柱侧巷内设备支护力及对应位置的顶板下沉监测结果如图 4-108 和图 4-109 所示，从中可以发现以下规律：

（1）无论是切缝侧还是煤柱侧，顶板压力变化趋势相似。以巷内设备支护力和顶板变形量为划定因素，可将留巷段划分为增阻段、恒阻段和稳定段。滞后工作面 55m 之内支护设备以压力上升为主，顶板位移变化很小，下沉量在 50mm 之内；达到设定工作阻力后，顶板快速下沉，设备支护力保持小幅波动，以恒阻让位为主；滞后工作面 142m 之后，在采空区碎胀矸石、临时支护设备及恒阻锚索等主动支护共同作用下围岩趋于稳定，顶板压力及位移均不再变化。

（2）切缝侧较煤柱侧压力变化更为明显。对比巷道两侧压力和位移变化可知，切缝侧巷道顶板最大压力达到 42.3MPa，压力增幅约为 17.3MPa；而煤柱侧

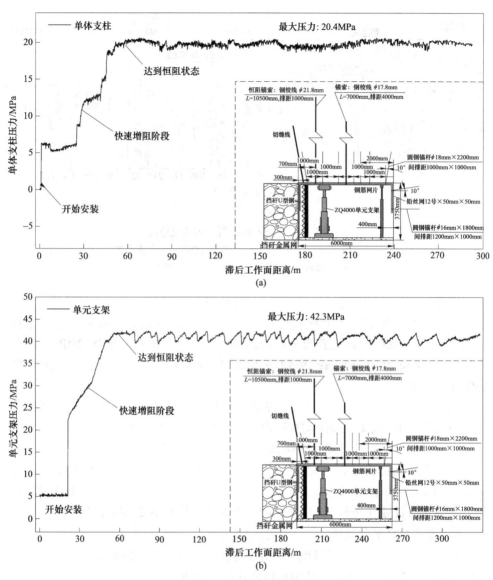

图 4-108 煤柱侧和切缝侧临时支护设备支护压力变化

(a) 煤柱侧支护压力变化; (b) 切缝侧支护压力变化

顶板压力最大为 20.4MPa, 压力增幅为 14.3MPa, 较切缝侧明显减小。此外, 切缝侧下沉量较煤柱侧增加了约 200mm, 运动更为剧烈。因此, 在实际留巷过程中, 切缝侧应重点控制。

4.5.3.2 现场应用效果

根据研究结果, 最终确定 S1201 工作面切缝高度为 9.0m, 切缝角度为 10°, 爆

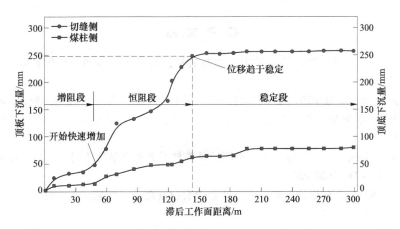

图 4-109 煤柱侧和切缝侧巷道顶板位移变化

破孔间距为 600mm，单孔采用"4 卷+4 卷+3 卷+3 卷+2 卷"（3200g）装药结构，封泥长度 1.5m 的装药和切缝参数。预裂爆破后，采空区顶板岩体沿切缝线垮落，形成稳定碎石帮，最终成巷效果良好，如图 4-110（d）所示，验证了沿空动压巷道控制的有效性。

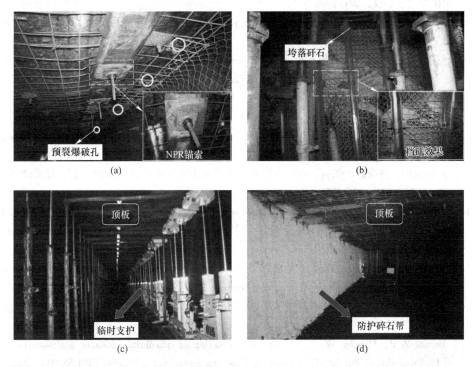

图 4-110 柠条塔矿现场预裂切顶沿空动压巷道控制效果

（a）顶板恒阻锚索支护效果；（b）碎石帮垮落效果；（c）临时支护效果；（d）最终成巷效果

参 考 文 献

[1] 钱鸣高，石平五，许家林. 矿山压力与岩层控制 [M]. 徐州：中国矿业大学出版社，2010.

[2] 宋振骐，郝建，张学朋，等. 实用矿山压力控制 [M]. 北京：应急管理出版社，2022.

[3] 侯朝炯，李学华. 综放沿空掘巷围岩大、小结构的稳定性原理 [J]. 煤炭学报，2001（1）：1-7.

[4] 谢和平，周宏伟，刘建锋，等. 不同开采条件下采动力学行为研究 [J]. 煤炭学报，2011，36（7）：1067-1074.

[5] 张农，韩昌良，阚甲广，等. 沿空留巷围岩控制理论与实践 [J]. 煤炭学报，2014，39（8）：1635-1641.

[6] 何满潮，宋振骐，王安，等. 长壁开采切顶短壁梁理论及其110工法——第三次矿业科学技术变革 [J]. 煤炭科技，2017（1）：1-9.

[7] He M, Zhu G, Guo Z. Longwall mining "cutting cantilever beam theory" and 110 mining method in China——The third mining science innovation [J]. Journal of Rock Mechanics and Geotechnical Engineering, 2015, 7（5）：483-492.

[8] 何满潮，陈上元，郭志飚，等. 切顶卸压沿空留巷围岩结构控制及其工程应用 [J]. 中国矿业大学学报，2017，46（5）：959-969.

[9] 黄炳香，赵兴龙，陈树亮，等. 坚硬顶板水压致裂控制理论与成套技术 [J]. 岩石力学与工程学报，2017，36（12）：2954-2970.

[10] 左建平，孙运江，刘文岗，等. 浅埋大采高工作面顶板初次断裂爆破机理与力学分析 [J]. 煤炭学报，2016，41（9）：2165-2172.

[11] 于斌，刘长友，刘锦荣. 大同矿区特厚煤层综放回采巷道强矿压显现机制及控制技术 [J]. 岩石力学与工程学报，2014，33（9）：1863-1872.

[12] 祁和刚，于健浩. 深部高应力区段煤柱留设合理性及综合卸荷技术 [J]. 煤炭学报，2018，43（12）：3257-3264.

[13] 欧阳振华，齐庆新，张寅，等. 水压致裂预防冲击地压的机理与试验 [J]. 煤炭学报，2011，36（S2）：321-325.

[14] Ye Q, Jia Z, Zheng C. Study on hydraulic-controlled blasting technology for pressure relief and permeability improvement in a deep hole [J]. Journal of Petroleum Science and Engineering, 2017, 159：433-442.

[15] Sainoki A, Emad M Z, Mitri H S. Study on the efficiency of destress blasting in deep mine drift development [J]. Canadian Geotechnical Journal, 2016, 54（4）：518-528.

[16] 胡寅. 平朔井工一矿动压巷道变孔径钻孔卸压技术研究 [D]. 北京：中国矿业大学，2022.

[17] Bazant Z P, Murphy W P. Probabilistic modeling of quasibrittle fracture and size effect [J]. Proceedings, 8th Int. Conference on Structural Safety and Reliability（ICOSSAR），2001.

[18] Dusan, Krajcinovic, Manuel et al. Statistical aspects of the continuous damage theory-ScienceDirect [J]. International Journal of Solids and Structures, 1982, 18（7）：551-562.

[19] Bieniawski Z T, Denkhaus H G, Vogler U W. Failure of fractured rock [J]. International Journal of Rock Mechanics & Mining Sciences & Geomechanics Abstracts, 1969, 6 (3): 323-341.

[20] Mogi K. Effect of the intermediate principal stress on rock failure [J]. Journal of Geophysical Research, 1967, 72 (20): 5117-5131.

[21] 王猛, 王襄禹, 肖同强. 深部巷道钻孔卸压机理及关键参数确定方法与应用 [J]. 煤炭学报, 2017, 42 (5): 1138-1145.

[22] 吴鑫, 张东升, 王旭锋, 等. 深部高应力巷道钻孔卸压的 3DEC 模拟分析 [J]. 煤矿安全, 2008 (10): 51-53.

[23] 赵国玺. 应用卸压钻孔防治冲击地压灾害的探讨 [J]. 山东煤炭科技, 2009 (2): 155-156.

[24] 马斌文, 邓志刚, 赵善坤, 等. 钻孔卸压防治冲击地压机理及影响因素分析 [J]. 煤炭科学技术, 2020, 48 (5): 35-40.

[25] 杨军, 石海洋. 亭南煤矿深部软岩巷道底鼓 "四控" 机理及应用 [J]. 采矿与安全工程学报, 2015, 32 (2): 247-252.

[26] 吴拥政. 回采工作面双巷布置留巷定向水力压裂卸压机理研究及应用 [D]. 北京: 煤炭科学研究总院, 2018.

[27] 李俊平, 叶浩然, 侯先芹. 高应力下硬岩巷道掘进端面钻孔爆破卸压动态模拟 [J]. 安全与环境学报, 2018, 18 (3): 962-967.

[28] Petr K, Kamil S, Lubomir S, et al. Long-hole destress blasting for rockburst control during deep underground coal mining [J]. International Journal of Rock Mechanics Mining Science, 2013, 61: 141-153.

[29] Konicek P, Saharan M R, Mitri H. Destress blasting in coal mining-state-of-the-art review [J]. Procedia Engineering, 2011, 26: 179-194.

[30] Andrieux P P, Brummer R K, Liu Q, et al. Large-scale panel destress blast at Brunswick mine [J]. CIM Bulletin, 2003, 96 (1075): 78-87.

[31] Andrieux P, Hadjigeorgiou J. The destressability index methodology for the assessment of the likelihood of success of a large-scale confined destress blast in an underground mine pillar [J]. International Journal of Rock Mechanics and Mining Sciences, 2007, 45 (3): 407-421.

[32] Konicek P, Konecny P, Ptacek J. Destress rock blasting as a rockburst control technique [C]//International Congress on Rock Mechanics of the International Society for Rock Mechanics, 2011: 1221-1226.

[33] 杨智文. 综放工作面坚硬顶板弱化爆破防治冲击地压技术 [J]. 煤炭科学技术, 2013, 41 (5): 47-49.

[34] 齐庆新, 雷毅, 李宏艳, 等. 深孔断顶爆破防治冲击地压的理论与实践 [J]. 岩石力学与工程学报, 2007 (S1): 3522-3527.

[35] 赵宁, 戴广龙, 黄文尧, 等. 深孔预裂爆破强制放顶技术的研究与应用 [J]. 中国安全生产科学技术, 2014, 10 (4): 38-42.

[36] 宋焕虎, 魏辉. 爆破卸压技术在深部煤层防治冲击地压中的应用 [J]. 中国煤炭,

2015，41（12）：53-56.

[37] 李俊平，叶浩然，侯先芹．高应力下硬岩巷道掘进端面钻孔爆破卸压动态模拟［J］．安全与环境学报，2018，18（3）：962-967.

[38] 夏红兵，徐颖，宗琦，等．深部软岩巷道爆破卸压技术及工程应用研究［J］．安徽理工大学学报（自然科学版），2007（1）：13-16.

[39] 李金奎，崔世海．高应力软岩巷道基角深孔爆破卸压的试验研究［J］．铁道建筑，2005（S1）：79-80.

[40] 杨永良．巷道卸压爆破技术研究及应用［J］．中州煤炭，2009（1）：4-5.

[41] 郭信山．煤层超高压定点水力压裂防治冲击地压机理与试验研究［D］．北京：中国矿业大学（北京），2015.

[42] Jeffrey R G，Mills K W. Hydraulic fracturing applied to inducing longwall coal mine goaf falls ［J］. Pacific Rocks，2000：423-430.

[43] 孙守山，宁宇，葛钧．波兰煤矿坚硬顶板定向水力压裂技术［J］．煤炭科学技术，1999（2）：55-56.

[44] 吴拥政．回采工作面双巷布置留巷定向水力压裂卸压机理研究及应用［D］．北京：煤炭科学研究总院，2018.

[45] 冯彦军，康红普．定向水力压裂控制煤矿坚硬难垮顶板试验［J］．岩石力学与工程学报，2012，31（6）：1148-1155.

[46] 李文魁．多裂缝压裂改造技术在煤层气井压裂中的应用［J］．西安石油学院学报（自然科学版），2000（5）：37-38.

[47] 翟成，李贤忠，李全贵．煤层脉动水力压裂卸压增透技术研究与应用［J］．煤炭学报，2011，36（12）：1996-2001.

[48] 张兆民．大直径钻孔卸压机理及其合理参数研究［D］．青岛：山东科技大学，2011.

[49] 蒋金泉，韩继胜，石永奎．巷道围岩结构稳定性与控制设计［M］．北京：煤炭工业出版社，1998.

[50] 陈锐，王康仁，李长春．林东矿务局南山煤矿采用深孔松动爆破预防煤与瓦斯突出的效果［J］．煤炭工程师，1986（3）：1-11.

[51] 李成杰．深部巷道爆破卸压机理与围岩稳定性研究［D］．淮南：安徽理工大学，2021.

[52] 李小瑞，侯公羽，吕文涛，等．巷道围岩二次应力状态弹性阶段的试验研究［J］．采矿与安全工程学报，2021，38（2）：269-275.

[53] Labiouse V，Vietor T. Laboratory and in situ simulation tests of the excavation damaged zone around galleries in opalinus clay ［J］. Rock Mechanics and Rock Engineering，2014，47（1）：57-70.

[54] Wang Z，Qiao C，Song C，et al. Upper bound limit analysis of support pressures of shallow tunnels in layered jointed rock strata ［J］. Tunnelling and Underground Space Technology Incorporating Trenchless Technology Research，2014，43：171-183.

[55] 景海河，胡刚，武雄．孔底爆破卸压法控制采区巷道底臌的数值模拟研究［J］．黑龙江矿业学院学报，2000（4）：11-14.

[56] 程敬义，魏泽捷，白纪成，等．基于爆破卸压的深部构造应力富水软岩巷道底鼓控制技

术研究 [J]. 煤炭科学技术, 2022, 50 (7): 117-126.

[57] 王永岩, 高菲, 齐珺. 软岩巷道爆破卸压方法的研究与实践 [J]. 矿山压力与顶板管理, 2003 (1): 13-15.

[58] 段克信. 用巷帮松裂爆破卸压维护软岩巷道 [J]. 煤炭学报, 1995 (3): 311-316.

[59] 刘锋, 王昭坤, 马凤山, 等. 矿山深部卸压技术研究现状及展望 [J]. 黄金科学技术, 2019, 27 (3): 425-432.

[60] 姜鹏飞. 千米深井巷道围岩支护—改性—卸压协同控制原理及技术 [D]. 北京: 煤炭科学研究总院, 2020.

[61] Hubbert K M, Willis D G W. Mechanics of hydraulic fracturing [J]. Transactions of the AIME, 1972, 18 (1): 369-390.

[62] Khristianovic S A, Zheltov Y P. Formation of vertical fractures by means of highly viscous liquid [R]. Proceedings of the Fourth World Petroleum Congress, 1955: 579-586.

[63] Geertsma J, Klerk F D. A rapid method of predicting width and extent of hydraulically induced fractures [J]. Journal of Petroleum Technology, 1969, 21 (12): 1571-1581.

[64] Perkins T K, Kern L R. Widths of hydraulic fractures [J]. Journal of Petroleum Technology, 1961, 13 (9): 937-949.

[65] H. M. 别秋克. 瓦斯抽放 [M]. 王秉权, 王英敏, 译. 沈阳: 东北工学院出版社, 1956.

[66] Bjerrum L, Nash J K T L, Kennard R M, et al. Hydraulic fracturing in field permeability testing [J]. Geotechnique, 1972, 22 (2): 319-332.

[67] 丁金粟, 孙亚平. 水力劈裂试验中击实土厚壁筒应力分析 [J]. 水利学报, 1987 (3): 16-23.

[68] Fukushima S. Hydraulic fracturing criterion in the core of fill dams [R]. Report of Fujita Kogyo Technical Institute, 1986, 22: 131-136.

[69] Pater C J, Weyers L, Savic M, et al. Experimental study of non-linear effects in hydraulic fracture propagation [C]//A. In: Poc. of SPE Rocky Mountain Regional/Low Permeability Reservoirs Symposium. Denver, USA: [s. n.], 1993: 509-521.

[70] 陈勉, 庞飞, 金衍. 大尺寸真三轴水力压裂模拟与分析 [J]. 岩石力学与工程学报, 2000 (S1): 868-872.

[71] 邓广哲. 封闭型煤层裂隙地应力场控制水压致裂特性 [J]. 煤炭学报, 2001 (5): 478-482.

[72] 潘林华, 程礼军, 陆朝晖, 等. 页岩储层水力压裂裂缝扩展模拟进展 [J]. 特种油气藏, 2014, 21 (4): 1-6.

[73] 张羽, 张遂安, 刘元东, 等. 煤岩水力压裂裂缝扩展规律实验研究 [J]. 中国煤炭地质, 2015, 27 (8): 21-25.

[74] 张帆, 马耕, 刘晓, 等. 煤岩水力压裂起裂压力和裂缝扩展机制实验研究 [J]. 煤田地质与勘探, 2017, 45 (6): 84-89.

[75] 许露露. 沁水盆地南部郑庄区煤储层水力裂缝扩展规律研究 [D]. 北京: 中国地质大学 (北京), 2015.

[76] 张锐. 煤岩水力压裂裂缝扩展规律研究 [D]. 青岛: 中国石油大学 (华东), 2017.

[77] Sang H C, Kaneko K. Influence of the applied pressure waveform on the dynamic fracture processes in rock-ScienceDirect [J]. International Journal of Rock Mechanics and Mining Sciences, 2004, 41 (5): 771-784.

[78] 吕鹏飞. 聚能爆破煤体增透及裂隙生成机理研究 [D]. 北京：中国矿业大学（北京），2014.

[79] 高玉兵. 柠条塔煤矿厚煤层 110 工法关键问题研究 [D]. 北京：中国矿业大学（北京），2018.

[80] 张志雄，郭银领，李林峰. 切缝药包爆破裂纹扩展机理研究 [J]. 工程爆破，2007 (2): 11-14.

[81] 徐颖. 地下工程爆破技术的现状及发展 [J]. 中国煤炭，2001, 27 (11): 29-31.

[82] 于不凡. 煤矿瓦斯灾害防治及利用技术手册 [M]. 北京：煤炭工业出版社，2005.

[83] 何满潮，高玉兵，杨军，等. 无煤柱自成巷聚能切缝技术及其对围岩应力演化的影响研究 [J]. 岩石力学与工程学报，2017, 36 (6): 1314-1325.

[84] Gao Y, Wang Y, Yang J, et al. Meso- and macroeffects of roof split blasting on the stability of gateroad surroundings in an innovative nonpillar mining method [J]. Tunnelling and Underground Space Technology, 2019, 90: 99-118.

[85] 李新平，陈俊桦，李友华，等. 溪洛渡电站地下厂房爆破损伤范围及判据研究 [J]. 岩石力学与工程学报，2010, 29 (10): 2042-2049.

[86] 贾虎，徐颖. 岩体开挖爆炸应力损伤范围研究 [J]. 岩石力学与工程学报，2007 (S1): 3489-3492.

[87] 唐世斌，刘向君，罗江，等. 水压诱发裂缝拉伸与剪切破裂的理论模型研究 [J]. 岩石力学与工程学报，2017, 36 (9): 2124-2135.

[88] 王文龙. 钻眼爆破 [M]. 北京：煤炭工业出版社，1984.

[89] 徐晓鼎. 曹家滩矿井特厚煤层沿空巷道强矿压显现机制及卸压控制研究 [D]. 吉林：吉林大学，2022.

[90] 黄庆亨，钱鸣高. 浅埋煤层采场老顶周期来压的结构分析 [J]. 煤炭学报，1999, 24 (6): 581-558.

[91] 朱万成，魏晨慧，田军，等. 岩石损伤过程中的热-流-力耦合模型及其应用初探 [J]. 岩土力学，2009, 30 (12): 3851-3857.

[92] 钱鸣高，张顶立，黎良杰，等. 砌体梁的"S-R"稳定及其应用 [J]. 矿山压力与顶板管理，1994 (3): 6-11.

[93] 闫少宏. 特厚煤层大采高综放开采支架外载的理论研究 [J]. 煤炭学报，2009, 34 (5): 4.

[94] 黄庆享. 浅埋煤层长壁开采顶板结构及岩层控制研究 [M]. 徐州：中国矿业大学出版社，2000.

[95] He M, Wang Q, Wu Q. Innovation and future of mining rock mechanics [J]. Journal of Rock Mechanics and Geotechnical Engineering, 2021, 13 (1): 1-21.

[96] 何满潮，曹伍富，单仁亮，等. 双向聚能拉伸爆破新技术 [J]. 岩石力学与工程学报，2003 (12): 2047-2051.

［97］ 黄明利, 唐春安, 朱万成. 岩石破裂过程的数值模拟研究 ［J］. 岩石力学与工程学报, 2000 (4): 468-471.

［98］ Zhu W C, Tang C A. Micromechanical model for simulating the fracture process of rock ［J］. Rock Mechanics and Rock Engineering, 2004, 37 (1): 25-26.

［99］ 朱万成, 魏晨慧, 田军, 等. 岩石损伤过程中的热-流-力耦合模型及其应用初探 ［J］. 岩土力学, 2009, 30 (12): 3851-3857.

［100］ Wcz A, Chw A, Jlb C, et al. A model of coal-gas interaction under variable temperatures-ScienceDirect ［J］. International Journal of Coal Geology, 2011, 86: 213-221.

［101］ Zhu W C, Gai D, Wei C H, et al. High-pressure air blasting experiments on concrete and implications for enhanced coal gas drainage ［J］. Journal of Natural Gas Science and Engineering, 2016: 1253-1263.

［102］ Ma G W, An X M. Numerical simulation of blasting-induced rock fractures ［J］. International Journal of Rock Mechanics and Mining Sciences, 2008, 45 (6): 966-975.

［103］ 唐春安, 刘红元, 秦四清, 等. 非均匀性对岩石介质中裂纹扩展模式的影响 ［J］. 地球物理学报, 2000 (1): 116-121.

［104］ Yilmaz O, Unlu T. Three dimensional numerical rock damage analysis under blasting load ［J］. Tunnelling & Underground Space Technology Incorporating Trenchless Technology Research, 2013, 38: 266-278.

［105］ Starfield A M, Pugliese J M. Compression waves generated in rock by cylindrical explosive charges: A comparison between a computer model and field measurements ［J］. International Journal of Rock Mechanics & Mining Sciences & Geomechanics Abstracts, 1968, 5 (1): 65-77.

［106］ Cohen M. Silent boundary methods for transient wave analysis ［J］. Ph. D. Thesis, 1981: 1-216.

［107］ 石少卿, 康建功, 汪敏, 等. ANSYS/LS-DYNA 在爆炸与冲击领域内的工程应用 ［M］. 北京: 中国建筑工业出版社, 2011.

［108］ 李莹. 高应力岩体爆破作用效果的数值模拟 ［D］. 沈阳: 东北大学, 2013.

［109］ 高玉兵, 杨军, 张星宇, 等. 深井高应力巷道定向拉张爆破切顶卸压围岩控制技术研究 ［J］. 岩石力学与工程学报, 2019, 38 (10): 2045-2056.

［110］ 高玉兵, 王炯, 高海南, 等. 断层构造影响下切顶卸压自动成巷矿压规律及围岩控制 ［J］. 岩石力学与工程学报, 2019, 38 (11): 2182-2193.

［111］ 高玉兵, 杨军, 王琦, 等. 无煤柱自成巷预裂切顶机理及其对矿压显现的影响 ［J］. 煤炭学报, 2019, 44 (11): 3349-3359.

冶金工业出版社部分图书推荐

书　名	作　者	定价（元）
煤矿巷道支护智能设计系统与工程应用	杨仁树	79.00
深部软弱煤岩巷道稳定性判别及合理支护选择	吴德义	59.00
深部软岩巷道围岩稳定性分析与控制技术	孔德森	25.00
煤矿安全技术与风险预控管理	邱　阳	45.00
煤矿顶板事故防治及案例分析	张嘉勇	36.00
煤矿绿色生态投入动力分析及机制设计	信春华	48.00
煤矿生产仿真技术及在安全培训中的应用	黄力波	20.00
煤矿灾害事故评价方法	张嘉勇	54.00
煤矿钻探工艺与安全（第2版）	姚向荣	50.00
智能矿山概论	李国清	29.00
中国深部煤矿地热资源评价及利用分析	张　毅	19.00
中厚矿体卸压开采理论与实践	王文杰	36.00
矿山岩石力学（第2版）	李俊平	58.00
矿山运输与提升	王进强	39.00
矿石学	谢玉玲	39.00
矿山安全与防灾	王洪胜	27.00
矿山爆破技术	戚文革	38.00
矿井排水技术与装备	刘志民	50.00
矿井通风与除尘	浑宝炬	25.00
高海拔矿井动态送风补偿优化及局部增压技术	聂兴信	48.00
高寒地区矿山深部通风防尘技术研究	杨　鹏	52.00
高温矿井热湿环境对矿工安全的影响机理及　热害治理对策	聂兴信	54.00
大倾角松软厚煤层综放开采矿压显现特征及　控制技术	郭东明	25.00
地下矿围岩压力分析与控制	杨宇江	39.00
顶板水害威胁下"煤-水"双资源型矿井开采　模式与工程应用	申建军	36.00
采矿学（第3版）	顾晓薇	75.00
采矿工程概论	占丰林	38.00
采矿工程专业毕业设计指导（地下开采部分）	路增祥	30.00
采矿工程专业毕业设计指导（露天开采部分）	陈晓青	35.00
采矿工程专业英语	卢宏建	30.00